中国科学院中国孢子植物志编辑委员会　编辑

中 国 真 菌 志

第五十九卷

炭 角 菌 属

郭　林　主编

中国科学院知识创新工程重大项目
国家自然科学基金重大项目
(国家自然科学基金委员会　中国科学院　科学技术部　资助)

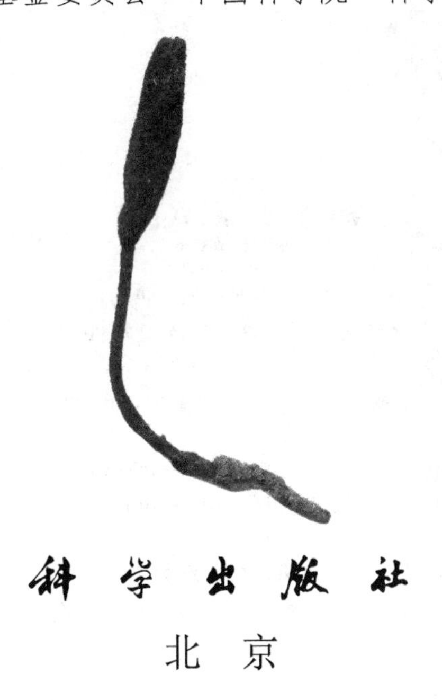

科 学 出 版 社
北 京

内 容 简 介

炭角菌是真菌的重要类群，本卷册记载了我国炭角菌属真菌共125种1变种1变型，提供了检索表、每个种的形态特征和分布。附图版64幅。书末附有参考文献和索引。

本书可供菌物学科研人员、植物保护工作者以及大专院校相关专业的师生使用和参考。

图书在版编目(CIP)数据

中国真菌志. 第五十九卷，炭角菌属 /郭林主编. —北京：科学出版社，2019.7

(中国孢子植物志)

ISBN 978-7-03-061797-2

Ⅰ. ①中… Ⅱ. ① 郭… Ⅲ. ①真菌志-植物志-中国 ②球壳菌目-植物志-中国 Ⅳ. ①Q949. 32

中国版本图书馆 CIP 数据核字(2019)第 130985 号

责任编辑：韩学哲 孙 青/责任校对：郑金红

责任印制：吴兆东/封面设计：刘新新

科学出版社出版

北京东黄城根北街16号

邮政编码：100717

http://www.sciencep.com

北京虎彩文化传播有限公司印刷

科学出版社发行 各地新华书店经销

*

2019年7月第 一 版 开本：787×1092 1/16

2019年7月第一次印刷 印张：10 1/2

字数：248 000

定价：158.00 元

(如有印装质量问题，我社负责调换)

CONSILIO FLORARUM CRYPTOGAMARUM SINICARUM
ACADEMIAE SINICAE EDITA

FLORA FUNGORUM SINICORUM

VOL. 59

XYLARIA

REDACTOR PRINCIPALIS

Guo Lin

A Major Project of the Knowledge Innovation Program of the Chinese Academy of Sciences
A Major Project of the National Natural Science Foundation of China
(Supported by the National Natural Science Foundation of China, the Chinese Academy of Sciences, and the Ministry of Science and Technology of China)

Science Press
Beijing

炭 角 菌 属

郭　林 主编

著　　者

郭　林　黄　谷　朱一凡

（中国科学院微生物研究所）

AUCTORES

Guo Lin，Huang Gu，Zhu Yifan

(*Institutum Microbiologicum, Academiae Sinicae*)

序

中国孢子植物志是非维管束孢子植物志，分《中国海藻志》、《中国淡水藻志》、《中国真菌志》、《中国地衣志》及《中国苔藓志》五部分。中国孢子植物志是在系统生物学原理与方法的指导下对中国孢子植物进行考察、收集和分类的研究成果；是生物物种多样性研究的主要内容；是物种保护的重要依据，对人类活动与环境甚至全球变化都有不可分割的联系。

中国孢子植物志是我国孢子植物物种数量、形态特征、生理生化性状、地理分布及其与人类关系等方面的综合信息库；是我国生物资源开发利用、科学研究与教学的重要参考文献。

我国气候条件复杂，山河纵横，湖泊星布，海域辽阔，陆生和水生孢子植物资源极其丰富。中国孢子植物分类工作的发展和中国孢子植物志的陆续出版，必将为我国开发利用孢子植物资源和促进学科发展发挥积极作用。

随着科学技术的进步，我国孢子植物分类工作在广度和深度方面将有更大的发展，对于这部著作也将不断补充、修订和提高。

中国科学院中国孢子植物志编辑委员会

1984年10月 • 北京

中国孢子植物志总序

中国孢子植物志是由《中国海藻志》、《中国淡水藻志》、《中国真菌志》、《中国地衣志》及《中国苔藓志》所组成。至于维管束孢子植物蕨类未被包括在中国孢子植物志之内，是因为它早先已被纳入《中国植物志》计划之内。为了将上述未被纳入《中国植物志》计划之内的藻类、真菌、地衣及苔藓植物纳入中国生物志计划之内，出席1972年中国科学院计划工作会议的孢子植物学工作者提出筹建“中国孢子植物志编辑委员会”的倡议。该倡议经中国科学院领导批准后，“中国孢子植物志编辑委员会”的筹建工作随之启动，并于1973年在广州召开的《中国植物志》、《中国动物志》和中国孢子植物志工作会议上正式成立。自那时起，中国孢子植物志一直在“中国孢子植物志编辑委员会”统一主持下编辑出版。

孢子植物在系统演化上虽然并非单一的自然类群，但是，这并不妨碍在全国统一组织和协调下进行孢子植物志的编写和出版。

随着科学技术的飞速发展，人们关于真菌的知识日益深入的今天，黏菌与卵菌已被从真菌界中分出，分别归隶于原生动物界和管毛生物界。但是，长期以来，由于它们一直被当作真菌由国内外真菌学家进行研究；而且，在“中国孢子植物志编辑委员会”成立时已将黏菌与卵菌纳入中国孢子植物志之一的《中国真菌志》计划之内并陆续出版，因此，沿用包括黏菌与卵菌在内的《中国真菌志》广义名称是必要的。

自“中国孢子植物志编辑委员会”于1973年成立以后，作为“三志”的组成部分，中国孢子植物志的编研工作由中国科学院资助；自1982年起，国家自然科学基金委员会参与部分资助；自1993年以来，作为国家自然科学基金委员会重大项目，在国家基金委资助下，中国科学院及科技部参与部分资助，中国孢子植物志的编辑出版工作不断取得重要进展。

中国孢子植物志是记述我国孢子植物物种的形态、解剖、生态、地理分布及其与人类关系等方面的大型系列著作，是我国孢子植物物种多样性的重要研究成果，是我国孢子植物资源的综合信息库，是我国生物资源开发利用、科学研究与教学的重要参考文献。

我国气候条件复杂，山河纵横，湖泊星布，海域辽阔，陆生与水生孢子植物物种多样性极其丰富。中国孢子植物志的陆续出版，必将为我国孢子植物资源的开发利用，为我国孢子植物科学的发展发挥积极作用。

中国科学院中国孢子植物志编辑委员会
主编　曾呈奎
2000年3月　北京

Foreword of the Cryptogamic Flora of China

Cryptogamic Flora of China is composed of *Flora Algarum Marinarum Sinicarum*, *Flora Algarum Sinicarum Aquae Dulcis*, *Flora Fungorum Sinicorum*, *Flora Lichenum Sinicorum*, and *Flora Bryophytorum Sinicorum*, edited and published under the direction of the Editorial Committee of the Cryptogamic Flora of China, Chinese Academy of Sciences(CAS). It also serves as a comprehensive information bank of Chinese cryptogamic resources.

Cryptogams are not a single natural group from a phylogenetic point of view which, however, does not present an obstacle to the editing and publication of the Cryptogamic Flora of China by a coordinated, nationwide organization. The Cryptogamic Flora of China is restricted to non-vascular cryptogams including the bryophytes, algae, fungi, and lichens. The ferns, a group of vascular cryptogams, were earlier included in the plan of *Flora of China*, and are not taken into consideration here. In order to bring the above groups into the plan of Fauna and Flora of China, some leading scientists on cryptogams, who were attending a working meeting of CAS in Beijing in July 1972, proposed to establish the Editorial Committee of the Cryptogamic Flora of China. The proposal was approved later by the CAS. The committee was formally established in the working conference of Fauna and Flora of China, including cryptogams, held by CAS in Guangzhou in March 1973.

Although myxomycetes and oomycetes do not belong to the Kingdom of Fungi in modern treatments, they have long been studied by mycologists. *Flora Fungorum Sinicorum* volumes including myxomycetes and oomycetes have been published, retaining for *Flora Fungorum Sinicorum* the traditional meaning of the term fungi.

Since the establishment of the editorial committee in 1973, compilation of Cryptogamic Flora of China and related studies have been supported financially by the CAS. The National Natural Science Foundation of China has taken an important part of the financial support since 1982. Under the direction of the committee, progress has been made in compilation and study of Cryptogamic Flora of China by organizing and coordinating the main research institutions and universities all over the country. Since 1993, study and compilation of the Chinese fauna, flora, and cryptogamic flora have become one of the key state projects of the National Natural Science Foundation with the combined support of the CAS and the National Science and Technology Ministry.

Cryptogamic Flora of China derives its results from the investigations, collections, and classification of Chinese cryptogams by using theories and methods of systematic and evolutionary biology as its guide. It is the summary of study on species diversity of cryptogams and provides important data for species protection. It is closely connected with human activities, environmental changes and even global changes. Cryptogamic Flora of

China is a comprehensive information bank concerning morphology, anatomy, physiology, biochemistry, ecology, and phytogeographical distribution. It includes a series of special monographs for using the biological resources in China, for scientific research, and for teaching.

China has complicated weather conditions, with a crisscross network of mountains and rivers, lakes of all sizes, and an extensive sea area. China is rich in terrestrial and aquatic cryptogamic resources. The development of taxonomic studies of cryptogams and the publication of Cryptogamic Flora of China in concert will play an active role in exploration and utilization of the cryptogamic resources of China and in promoting the development of cryptogamic studies in China.

C.K. Tseng
Editor-in-Chief
The Editorial Committee of the Cryptogamic Flora of China
Chinese Academy of Sciences
March，2000 in Beijing

《中国真菌志》序

《中国真菌志》是在系统生物学原理和方法指导下，对中国真菌，即真菌界的子囊菌、担子菌、壶菌及接合菌四个门以及不属于真菌界的卵菌等三个门和黏菌及其类似的菌类生物进行搜集、考察和研究的成果。本志所谓“真菌”系广义概念，涵盖上述三大菌类生物(地衣型真菌除外)，即当今所称“菌物”。

中国先民认识并利用真菌作为生活、生产资料，历史悠久，经验丰富，诸如酒、醋、酱、红曲、豆豉、豆腐乳、豆瓣酱等的酿制，蘑菇、木耳、茭白作食用，茯苓、虫草、灵芝等作药用，在制革、纺织、造纸工业中应用真菌进行发酵，以及利用具有抗癌作用和促进碳素循环的真菌，充分显示其经济价值和生态效益。此外，真菌又是多种植物和人畜病害的病原菌，危害甚大。因此，对真菌物种的形态特征、多样性、生理生化、亲缘关系、区系组成、地理分布、生态环境以及经济价值等进行研究和描述，非常必要。这是一项重要的基础科学研究，也是利用益菌、控制害菌、化害为利、变废为宝的应用科学的源泉和先导。

中国是具有悠久历史的文明古国，从远古到明代的4500年间，科学技术一直处于世界前沿，真菌学也不例外。酒是真菌的代谢产物，中国酒文化博大精深、源远流长，有六七千年历史。约在公元300年的晋代，江统在其《酒诰》诗中说：“酒之所兴，肇自上皇。或云仪狄，又曰杜康。有饭不尽，委之空桑。郁结成味，久蓄气芳。本出于此，不由奇方。”作者精辟地总结了我国酿酒历史和自然发酵方法，比之意大利学者雷蒂(Radi，1860)提出微生物自然发酵法的学说约早1500年。在仰韶文化时期(5000~3000 B. C.)，我国先民已懂得采食蘑菇。中国历代古籍中均有食用菇蕈的记载，如宋代陈仁玉在其《菌谱》(1245年)中记述浙江台州产鹅膏菌、松蕈等11种，并对其形态、生态、品级和食用方法等作了论述和分类，是中国第一部地方性食用蕈菌志。先民用真菌作药材也是一大创造，中国最早的药典《神农本草经》(成书于102~200 A. D.)所载365种药物中，有茯苓、雷丸、桑耳等10余种药用真菌的形态、色泽、性味和疗效的叙述。明代李时珍在《本草纲目》(1578)中，记载“三菌”、“五蕈”、“六芝”、“七耳”以及羊肚菜、桑黄、鸡坳、雪蚕等30多种药用真菌。李氏将菌、蕈、芝、耳集为一类论述，在当时尚无显微镜帮助的情况下，其认识颇为精深。该籍的真菌学知识，足可代表中国古代真菌学水平，堪与同时代欧洲人(如C. Clusius，1529~1609)的水平比拟而无逊色。

15世纪以后，居世界领先地位的中国科学技术，逐渐落后。从18世纪中叶到20世纪40年代，外国传教士、旅行家、科学工作者、外交官、军官、教师以及负有特殊任务者，纷纷来华考察，搜集资料，采集标本，研究鉴定，发表论文或专辑。如法国传教士西博特(P.M. Cibot) 1759年首先来到中国，一住就是25年，对中国的植物(含真菌)写过不少文章，1775年他发表的五棱散尾菌(*Lysurus mokusin*)，是用现代科学方法研究发表的第一个中国真菌。继而，俄国的波塔宁(G.N. Potanin，1876)、意大利的吉拉迪(P. Giraldii，1890)、奥地利的汉德尔-马泽蒂(H. Handel-Mazzetti，1913)、美国的梅里尔(E.D. Merrill，1916)、瑞典的史密斯(H. Smith，1921)等共27人次来我国采集标本。

研究发表中国真菌论著 114 篇册，作者多达 60 余人次，报道中国真菌 2040 种，其中含 10 新属、361 新种。东邻日本自 1894 年以来，特别是 1937 年以后，大批人员涌到中国，调查真菌资源及植物病害，采集标本，鉴定发表。据初步统计，发表论著 172 篇册，作者 67 人次以上，共报道中国真菌约 6000 种(有重复)，其中含 17 新属、1130 新种。其代表人物在华北有三宅市郎(1908)，东北有三浦道哉(1918)，台湾有泽田兼吉(1912)；此外，还有斋藤贤道、伊藤诚哉、平冢直秀、山本和太郎、逸见武雄等数十人。

国人用现代科学方法研究中国真菌始于 20 世纪初，最初工作多侧重于植物病害和工业发酵，纯真菌学研究较少。在一二十年代便有不少研究报告和学术论文发表在中外各种刊物上，如胡先骕 1915 年的“菌类鉴别法”，章祖纯 1916 年的“北京附近发生最盛之植物病害调查表”以及钱穟孙(1918)、邹钟琳(1919)、戴芳澜(1920)、李寅恭(1921)、朱凤美(1924)、孙豫寿(1925)、俞大绂(1926)、魏喦寿(1928)等的论文。三四十年代有陈鸿康、邓叔群、魏景超、凌立、周宗璜、欧世璜、方心芳、王云章、裘维蕃等发表的论文，为数甚多。他们中有的人终生或大半生都从事中国真菌学的科教工作，如戴芳澜(1893~1973)著“江苏真菌名录”(1927)、“中国真菌杂记”(1932~1946)、《中国已知真菌名录》(1936，1937)、《中国真菌总汇》(1979)和《真菌的形态和分类》(1987)等，他发表的“三角枫上白粉菌一新种”(1930)，是国人用现代科学方法研究、发表的第一个中国真菌新种。邓叔群(1902~1970)著“南京真菌记载”(1932~1933)、“中国真菌续志”(1936~1938)、《中国高等真菌志》(1939)和《中国的真菌》(1963，1996)等，堪称《中国真菌志》的先导。上述学者以及其他许多真菌学工作者，为《中国真菌志》研编的起步奠定了基础。

在 20 世纪后半叶，特别是改革开放以来的 20 多年，中国真菌学有了迅猛的发展，如各类真菌学课程的开设，各级学位研究生的招收和培养，专业机构和学会的建立，专业刊物的创办和出版，地区真菌志的问世等，使真菌学人才辈出，为《中国真菌志》的研编输送了新鲜血液。1973 年中国科学院广州“三志”会议决定，《中国真菌志》的研编正式启动，1987 年由郑儒永、余永年等编辑出版了《中国真菌志》第 1 卷《白粉菌目》，至 2000 年已出版 14 卷。自第 2 卷开始实行主编负责制，2.《银耳目和花耳目》(刘波主编，1992)；3.《多孔菌科》(赵继鼎，1998)；4.《小煤炱目Ⅰ》(胡炎兴，1996)；5.《曲霉属及其相关有性型》(齐祖同，1997)；6.《霜霉目》(余永年，1998)；7.《层腹菌目》(刘波，1998)；8.《核盘菌科和地舌菌科》(庄文颖，1998)；9.《假尾孢属》(刘锡琎、郭英兰，1998)；10.《锈菌目Ⅰ》(王云章、庄剑云，1998)；11.《小煤炱目Ⅱ》(胡炎兴，1999)；12.《黑粉菌科》(郭林，2000)；13.《虫霉目》(李增智，2000)；14.《灵芝科》(赵继鼎、张小青，2000)。盛世出巨著，在国家“科教兴国”英明政策的指引下，《中国真菌志》的研编和出版，定将为中华灿烂文化做出新贡献。

余永年
庄文颖　谨识

中国科学院微生物研究所

中国·北京·中关村

公元 2002 年 09 月 15 日

Foreword of Flora Fungorum Sinicorum

Flora Fungorum Sinicorum summarizes the achievements of Chinese mycologists based on principles and methods of systematic biology in intensive studies on the organisms studied by mycologists, which include non-lichenized fungi of the Kingdom Fungi, some organisms of the Chromista, such as oomycetes etc., and some of the Protozoa, such as slime molds.In this series of volumes, results from extensive collections, field investigations, and taxonomic treatments reveal the fungal diversity of China.

Our Chinese ancestors were very experienced in the application of fungi in their daily life and production.Fungi have long been used in China as food, such as edible mushrooms, including jelly fungi, and the hypertrophic stems of water bamboo infected with *Ustilago esculenta*; as medicines, like *Cordyceps sinensis* (caterpillar fungus), *Poria cocos* (China root), and *Ganoderma* spp. (lingzhi); and in the fermentation industry, for example, manufacturing liquors, vinegar, soy-sauce, *Monascus*, fermented soya beans, fermented bean curd, and thick broad-bean sauce.Fungal fermentation is also applied in the tannery, paperma-king, and textile industries.The anti-cancer compounds produced by fungi and functions of saprophytic fungi in accelerating the carbon-cycle in nature are of economic value and ecological benefits to human beings. On the other hand, fungal pathogens of plants, animals and human cause a huge amount of damage each year. In order to utilize the beneficial fungi and to control the harmful ones, to turn the harmfulness into advantage, and to convert wastes into valuables, it is necessary to understand the morphology, diversity, physiology, biochemistry, relationship, geographical distribution, ecological environment, and economic value of different groups of fungi. *Flora Fungorum Sinicorum* plays an important role from precursor to fountainhead for the applied sciences.

China is a country with an ancient civilization of long standing.In the 4500 years from remote antiquity to the Ming Dynasty, her science and technology as well as knowledge of fungi stood in the leading position of the world.Wine is a metabolite of fungi.The Wine Culture history in China goes back 6000 to 7000 years ago, which has a distant source and a long stream of extensive knowledge and profound scholarship.In the Jin Dynasty (*ca.* 300 A.D.), JIANG Tong, the famous writer, gave a vivid account of the Chinese fermentation history and methods of wine processing in one of his poems entitled *Drinking Games* (Jiu Gao), 1500 years earlier than the theory of microbial fermentation in natural conditions raised by the Italian scholar, Radi (1860). During the period of the Yangshao Culture (5000—3000 B. C.), our Chinese ancestors knew how to eat mushrooms. There were a great number of records of edible mushrooms in Chinese ancient books. For example, back to the Song Dynasty, CHEN Ren-Yu (1245) published the *Mushroom Menu* (Jun Pu) in which he listed 11 species of edible fungi including *Amanita* sp.and *Tricholoma matsutake* from

Taizhou, Zhejiang Province, and described in detail their morphology, habitats, taxonomy, taste, and way of cooking. This was the first local flora of the Chinese edible mushrooms.Fungi used as medicines originated in ancient China. The earliest Chinese pharmacopocia, *Shen-Nong Materia Medica* (Shen Nong Ben Cao Jing), was published in 102—200 A. D. Among the 365 medicines recorded, more than 10 fungi, such as *Poria cocos* and *Polyporus mylittae*, were included. Their fruitbody shape, color, taste, and medical functions were provided.The great pharmacist of Ming Dynasty, LI Shi-Zhen (1578) published his eminent work *Compendium Materia Medica* (Ben Cao Gang Mu) in which more than thirty fungal species were accepted as medicines, including *Aecidium mori*, *Cordyceps sinensis*, *Morchella* spp., *Termitomyces* sp., etc.Before the invention of microscope, he managed to bring fungi of different classes together, which demonstrated his intelligence and profound knowledge of biology.

After the 15th century, development of science and technology in China slowed down. From middle of the 18th century to the 1940's, foreign missionaries, tourists, scientists, diplomats, officers, and other professional workers visited China. They collected specimens of plants and fungi, carried out taxonomic studies, and published papers, exsi ccatae, and monographs based on Chinese materials.The French missionary, P.M. Cibot, came to China in 1759 and stayed for 25 years to investigate plants including fungi in different regions of China.Many papers were written by him. *Lysurus mokusin*, identified with modern techniques and published in 1775, was probably the first Chinese fungal record by these visitors. Subsequently, around 27 man-times of foreigners attended field excursions in China, such as G.N. Potanin from Russia in 1876, P. Giraldii from Italy in 1890, H. Handel-Mazzetti from Austria in 1913, E.D. Merrill from the United States in 1916, and H. Smith from Sweden in 1921. Based on examinations of the Chinese collections obtained, 2040 species including 10 new genera and 361 new species were reported or described in 114 papers and books.Since 1894, especially after 1937, many Japanese entered China.They investigated the fungal resources and plant diseases, collected specimens, and published their identification results.According to incomplete information, some 6000 fungal names (with synonyms) including 17 new genera and 1130 new species appeared in 172 publications.The main workers were I. Miyake in the Northern China, M. Miura in the Northeast, K. Sawada in Taiwan, as well as K. Saito, S. Ito, N. Hiratsuka, W. Yamamoto, T. Hemmi, etc.

Research by Chinese mycologists started at the turn of the 20th century when plant diseases and fungal fermentation were emphasized with very little systematic work. Scientific papers or experimental reports were published in domestic and international journals during the 1910's to 1920's. The best-known are "Identification of the fungi" by H.H. Hu in 1915, "Plant disease report from Peking and the adjacent regions" by C.S. Chang in 1916, and papers by S.S. Chian (1918), C.L. Chou (1919), F.L. Tai (1920), Y.G. Li (1921), V.M. Chu (1924), Y.S. Sun (1925), T.F. Yu (1926), and N.S. Wei (1928). Mycologists who were active at the 1930's to 1940's are H.K. Chen, S.C. Teng, C.T. Wei, L. Ling, C.H. Chow,

S.H. Ou, S.F. Fang, Y.C. Wang, W.F. Chiu, and others.Some of them dedicated their lifetime to research and teaching in mycology. Prof. F.L. Tai (1893—1973) is one of them, whose representative works were "List of fungi from Jiangsu"(1927), "Notes on Chinese fungi"(1932—1946), *A List of Fungi Hitherto Known from China* (1936, 1937), *Sylloge Fungorum Sinicorum* (1979), *Morphology and Taxonomy of the Fungi* (1987), etc.His paper entitled "A new species of *Uncinula* on *Acer trifidum* Hook.& Arn."was the first new species described by a Chinese mycologist. Prof. S.C. Teng (1902—1970) is also an eminent teacher.He published "Notes on fungi from Nanking" in 1932—1933, "Notes on Chinese fungi" in 1936—1938, *A Contribution to Our Knowledge of the Higher Fungi of China* in 1939, and *Fungi of China* in 1963 and 1996.Work done by the above-mentioned scholars lays a foundation for our current project on *Flora Fungorum Sinicorum*.

In 1973, an important meeting organized by the Chinese Academy of Sciences was held in Guangzhou (Canton) and a decision was made, uniting the related scientists from all over China to initiate the long term project "Fauna, Flora, and Cryptogamic Flora of China".Work on *Flora Fungorum Sinicorum* thus started. Significant progress has been made in development of Chinese mycology since 1978. Many mycological institutions were founded in different areas of the country.The Mycological Society of China was established, the journals *Acta Mycological Sinica* and *Mycosystema* were published as well as local floras of the economically important fungi.A young generation in field of mycology grew up through postgraduate training programs in the graduate schools.The first volume of Chinese Mycoflora on the Erysiphales (edited by R.Y. Zheng & Y.N. Yu, 1987) appeared.Up to now, 14 volumes have been published: Tremellales and Dacrymycetales edited by B. Liu (1992), Polyporaceae by J.D. Zhao (1998), Meliolales Part I (Y.X. Hu, 1996), *Aspergillus* and its related teleomorphs (Z.T. Qi, 1997), Peronosporales (Y.N. Yu, 1998), Sclerotiniaceae and Geoglossaceae (W.Y. Zhuang, 1998), *Pseudocercospora* (X.J. Liu & Y.L. Guo, 1998), Uredinales Part I (Y.C. Wang & J. Y. Zhuang, 1998), Meliolales Part II (Y.X. Hu, 1999), Ustilaginaceae (L. Guo, 2000), Entomophthorales (Z.Z. Li, 2000), and Ganodermataceae (J.D. Zhao & X.Q. Zhang, 2000). We eagerly await the coming volumes and expect the completion of Flora *Fungorum Sinicorum* which will reflect the flourishing of Chinese culture.

Y.N. Yu and W.Y. Zhuang
Institute of Microbiology, CAS, Beijing
September 15, 2002

致　谢

中国科学院微生物研究所真菌学国家重点实验室的李伟、刘小勇、张小青、何双辉、李振英、陆春霞、孙翔、郑勇、李国杰，云南景洪杜盈杉，山东农业大学马建等，北京市农林科学院植物保护环境保护研究所王兰青曾采集炭角菌属标本；西昌学院郑晓慧，新疆塔里木大学徐彪，海南大学吴兴亮向作者馈赠标本；中国科学院微生物研究所研究生王瑞沙曾经鉴定某些标本；中国科学院微生物研究所真菌学国家重点实验室的姚一建、魏铁铮、杨柳和吕红梅在标本借阅、入藏、管理等方面给予帮助；在此一并对他们表示衷心的感谢。研究过程中，著者曾借阅广东省微生物研究所真菌标本馆（HMIGD）的馆藏标本，对其负责人及工作人员表示感谢。

庄剑云、范黎和庄文颖对本书进行了仔细审阅，提出了宝贵意见，在此表示诚挚的谢意！

说　明

本书是我国炭角菌属分类研究的总结，包括绪论、专论、附录、参考文献和索引五大部分。绪论部分简要地叙述了炭角菌的经济重要性、分类地位、炭角菌属国外研究概况、中国研究简史、分类特征等。专论中描述了我国炭角菌属 125 种 1 变种 1 变型，包括属下分种检索表。每个种包括正名、异名及其文献引证、形态描述和分布等。每个种记载的国内分布根据作者研究的标本引注。未研究标本的种类在附录中记述。国内分布以我国直辖市以及各省、自治区的市、县、山或河流等为单位，按《全国省级行政区划代码一览表》中地名出现的顺序排列。如果省、自治区后面无市、县、山等具体地名，则表示标本采集地不详。世界分布按《世界地图集》(2015 年) 中地名出现的顺序排列。

本书引证标本时采用的标本馆缩写及全称如下：

HMAS＝中国科学院微生物研究所菌物标本馆

HMIGD=广东省微生物研究所真菌标本馆

目　　录

绪　论

炭角菌属 *Xylaria*真菌主要是腐生菌，生长在死的被子植物上，包括腐木、枯枝、落叶、果实，以及土壤、白蚁巢穴(Læssøe 1993, Rogers et al. 2005, Ju and Hsieh 2007)等。某些种类具有寄生专化性(Læssøe and Lodge 1994, Rogers 1979b, Whalley 1985)，很多炭角菌是植物的内生菌。从1789年到现在200多年的时间里，真菌学家对炭角菌属进行了大量研究，包括分类学、生活史及与寄主植物专化性等(Rogers 1979a, 1985, 1986)。

经济重要性

炭角菌属有些种类是严重的植物病原菌,可造成植物根系腐烂,导致树木枯萎凋谢,造成经济损失。有的种生于栽培蘑菇的覆土层上，对蘑菇栽培危害很大，使蘑菇产量下降，甚至绝收。某些种类具有药用价值，如黑柄炭角菌、细小炭角菌等(董兆梁 1998)。某些炭角菌可以产生次级代谢产物和生物活性物质,如抑制真菌蛋白质合成的粪壳菌素类似物(Stadler and Hellwig 2005)。炭角菌能降解纤维素和木质素，在生态系统中发挥重要作用。

分 类 地 位

炭角菌属 *Xylaria* 是 1789 年 Hill ex Schrank 建立的，属于炭角菌科 Xylariaceae，炭角菌目 Xylariales，炭角菌亚纲 Xylariomycetidae，粪壳菌纲 Sordariomycetes，盘菌亚门 Pezizomycotina，子囊菌门 Ascomycota。炭角菌属是炭角菌科的模式属，全球有 300 余种,是炭角菌科最大的属,广泛分布在热带、亚热带和温带地区(Dennis 1956, 1957, 1958a, 1958c, Martin 1970, Rogers 1983, 1984a, 1984b, 1986, Rogers and Callan 1986)。

国外研究概况

对于炭角菌的研究，可以追溯到 1789 年，炭角菌属于当年被确立。19 世纪中叶，Fries(1851)发表了许多种类。至 20 世纪初已经描述了大量炭角菌(Penzig and Saccardo 1904, Hennings 1901,1908, Rehm 1913, Lloyd 1918a, 1918b, 1919, 1920, 1921)。迄今为止，学者对世界不同国家和地区的炭角菌属真菌进行了研究，如菲律宾(Rehm 1913, Lloyd 1919)、泰国(Carroll 1963, Schumacher 1982)、马来西亚 (Morgan-Jones and Lim 1968, Whalley et al. 2000)、印度尼西亚的北苏拉威西省(Rogers et al. 1987)、印度(Thind and Waraitch 1969, Kshirsagar et al. 2009)、美国(Rogers 1984a, 1984b, 1986)、墨西哥(San Martín and Rogers 1989, 1995, San Martín and Lavín 2001, San Martín et al. 1999)、法国(Cooke 1883, Joly 1968)、英国(Rogers and Ju 1998a)、南非(Miller 1942)、新西兰(Rogers and Samuels 1986）、巴布亚新几内亚（Dennis 1974, Van der Gucht 1995, 1996）、刚果（Dennis 1961）、南美（Dennis 1956, 1957, 1958b）、多米尼加（Toro 1927）、阿根廷（Hladki and Romero 2010）、巴西（Theissen 1909, Trierveiler-Pereira et al. 2009）、厄瓜多尔（Reid et al. 1980）和委内瑞拉（Dennis 1970, Rogers et al. 1988）等有了相关记载。

中国研究简史

对于中国炭角菌属（*Xylaria*）的分类研究，Roumeguere（1880）首次报告了传教士 Remy 在西藏昌都等地采集的炭角菌。Sawada（1928, 1931, 1933,1959）描述了采自我国台湾地区的一些炭角菌。周宗璜（1935）报道了采自贵州的炭角菌。邓叔群（1963）描述了 51 种 1 变种。戴芳澜（1979）记载了 52 种 1 变种 1 变型。其中，根据 *Index Fungorum* 的记载，绒集顶芒炭角菌 *Xylaria aristata* var. *hirsuta* Theiss.改为 *Podosordaria aristata*（Mont.）P.M.D. Martin。根据 Van der Gutch（1995）的研究，双头炭角菌 *Xylaria biceps* Speg.为 *Xylaria mellissii*（Berk.）Cooke 的异名，丛簇炭角菌 *Xylaria caespitulosa* Ces.为 *Xylaria multiplex*（Kunze）Fr.的异名。Ju 和 Hsieh（2007）认为笔状炭角菌 *Xylaria sanchezii* Lloyd 是可疑名。

毕志树等（1994）描述了广东炭角菌 25 个分类单元。Abe 和 Liu（1995）报道了采自浙江凤阳山和百山祖山区的炭角菌。李玉祥和李慧君（1994）报道了一个炭角菌新种。徐阿生（1999）报道了寄生在 *Potentilla anserina* 根部的一个炭角菌新种。朱宇敏等研究了大量中国台湾炭角菌，为炭角菌的分类研究做出了很大贡献（Ju and Tzean 1985），Ju 和 Roger（1999）报道中国台湾炭角菌属真菌 40 种 1 变种。根据 *Index Fungorum* 的记载，细碎炭角菌 *Xylaria frustulosa*（Berk. & M.A. Curtis）Cooke 变为 *Kretzschmaria frustulosa*（Berk. & M.A. Curtis）P.M.D. Martin。Ju 和 Hsieh（2007）记述了 9 种采自白蚁巢上的种，其中有 6 个是新种，同时指出笔状炭角菌 *Xylaria sanchezii* Lloyd 是可疑名。其他许多学者也曾经报道了炭角菌（卯晓岚 2000, Zhuang 2001）。

近几年的研究很活跃，报道了大量新种和中国新记录种（Zhu and Guo 2011, Ju et al. 2011, Ma et al. 2011a, 2011b, 2012a, 2012b,2013a,2013b, 2013c, 2013d, Huang et al. 2014a, 2014b, 2015）。

目前，炭角菌属中国有 124 种 1 变种 1 变型。

分类特征

炭角菌具有发育良好的子座，子囊孢子单胞，通常不等边。物种的分类特征主要包括以下几个方面：子座的形状和大小，表面光滑或者粗糙，顶端有无不孕小尖，柄有毛或者无毛，基物（substrate）。

大部分的炭角菌生长在腐木或被砍伐后的树桩上，少数生在树叶、果实、昆虫巢穴上。有的炭角菌有基物专一性。例如，*Xylaria magnoliae* J.D. Rogers（Rogers 1979b）主要寄生于 *Magnolia* 属果实上。而 *Xylaria nigripes*（Klotzsch）Cooke 则生于白蚁巢上，并与 *Termitomyces* 属植物形成共生关系（Ju and Hsieh 2007）。

子座(stromata)

炭角菌的子座形状和大小多变，常有棒状、圆柱形、球形、椭圆形。子座大小有差异，*Xylaria lignosa* Ferd. & Winge 的子座可高达 20 cm，而 *Xylaria aristata* var. *hirsuta* Theiss. 的子座仅有 1~2 mm 高。炭角菌单个或者具有分枝，分枝可能是从基部发生，也可能是在子座的中部或者顶端出现，表面光滑或者粗糙。许多炭角菌会在子座顶端产生不孕小尖，这一结构对炭角菌种间分类非常有帮助。柄有毛或者无毛。

子囊壳(perithecia)

炭角菌的子囊壳为近球形、椭圆形、卵圆形，在子座中具有埋生着生方式，大小亦有差异。

孔口(ostiole)

孔口是子囊孢子释放到子座外的出口，炭角菌的孔口主要有乳突状和脐状两种类型，乳突状孔口是炭角菌中比较普遍的孔口类型，在子座表面常能以肉眼观察到。

子囊(asci)

子囊多为圆柱形，绝大多数有 8 个孢子，子囊的长度、子囊柄以及产孢部分的长度可用于种的界定。顶环结构是重要的分类特征，常呈矩形、正方形、倒帽形，在 Melzer 试剂中显蓝色(Beckett and Crawford 1973)。

子囊孢子(ascospore)

子囊孢子的形态、大小、颜色、芽缝有无及其排列方式在炭角菌属分类中很重要。炭角菌属中的子囊孢子形状多为椭圆形，偶有梭形，等边或者不等边，两端钝圆或者窄圆，部分两端收缩呈乳突状。子囊孢子多为浅褐色、褐色或深褐色，偶有浅灰白色。不同种类的孢子大小有很大的差别。炭角菌属的子囊孢子通常具有芽缝，芽缝直或者斜，少数为螺旋形。长度因种而不同，与子囊孢子等长，接近孢子长度，或者比孢子短。有的种子囊孢子未成熟时有细胞状附属物，成熟后消失。

专　论

炭角菌属 **Xylaria** Hill ex Schrank
Baier. Fl. (München) 1: 200, 1789. nom. cons.

Carnostroma Lloyd, Mycol. Writ. 5(Syn. Large Pyrenomyc.): 27, 1919.

Acrosphaeria Corda, Anleit. Stud. Mykol., Prag: 136, 1842.

Arthroxylaria Seifert & W. Gams, in Seifert, Gams & Louis-Seize, Czech Mycol. 53(4): 299, 2002.

Carnostroma Lloyd, Mycol. Writ. 5(Syn. Large Pyrenomyc.): 27, 1919.

Coelorhopalon Overeem, in Overeem & Weese, Icon. Fung. Malay. 11: 3, 1925.

Hypoxylon Adans., Fam. Pl. 2: 9, 616, 1763.

Lichenagaricus P. Micheli, Nova Plantarum Genera (Florentiae): 103, tab. 54-55, 1729.

Moelleroclavus Henn., Hedwigia 41: 15, 1902.

Penzigia Sacc., in Saccardo & Paoletti, Atti Inst. Veneto Sci. Lett., ed Arti, Sér. 3 6: 406, 1888.

Porodiscella Viégas, Bragantia 4(1-6): 106, 1944.

Pseudoxylaria Boedijn, Persoonia 1(1): 18, 1959.

Spirogramma Ferd. & Winge, Vidensk. Meddel. Dansk Naturhist. Foren. Kjøbenhavn 60: 142, 1909.

Xylariodiscus Henn., Hedwigia 38(Beibl.): 63, 1899.

Xylocoremium J.D. Rogers, Mycologia 76(5): 913, 1984.

Xylosphaera Dumort., Comment. Bot. (Tournay): 91, 1822.

子座直立，可育部分通常为圆柱形、棒状、线形、球形或者不规则形，单根或者有分枝，常有柄。表面光滑或者有毛，多为褐色或者黑色。内部通常白色。子囊壳埋生于子座可育部分；孔口乳突状或者脐状。子囊单囊壁，圆柱形，八孢，有柄；顶环通常正方形或者矩形，在 Melzer 试剂中呈蓝色。子囊孢子单胞，等边或者不等边，椭圆形或者梭形，淡褐色或者深褐色；芽缝直、斜，或者螺旋形，或长或短。

模式种：团炭角菌 *Xylaria hypoxylon* (L.) Grev.。

讨论：根据《菌物学词典》(Kirk et al. 2008) 记载，全世界炭角菌属有 300 余种，多为腐生，多生在枯枝、腐木上，也可生于落叶、落果、种子、白蚁巢穴上，分布在热带、亚热带和温带地区。目前中国有 124 种 1 变种 1 变型。

中国炭角菌属 *Xylaria* 分种检索表

1. 子座生在地上，通常生在废弃的白蚁巢上 ·· 2

1. 子座生在其他基物上 ………………………………………………………………………………………… 10

2. 子囊孢子小，长度通常小于 6 μm ……………………………………………………………………………… 3

2. 子囊孢子大，长度通常大于 6 μm ……………………………………………………………………………… 8

3. 子座通常高度分叉 ……………………………………………………………………………………………… 4

3. 子座通常不分叉，或者偶见分叉 …………………………………………………………………………… 7

4. 子座中心白色 ………………………………………………………………… 嗜鸡腿菇炭角菌 *X. coprinicola*

4. 子座中心暗色 …………………………………………………………………………………………………… 5

5. 子座中心黑色 ……………………………………………………………………………… 阔角炭角菌 *X. angulosa*

5. 子座中心褐色 …………………………………………………………………………………………………… 6

6. 子囊孢子不等边梭形 ……………………………………………………………… 黑叉炭角菌 *X. atrodivaricata*

6. 子囊孢子不等边椭圆形 …………………………………………………………………… 叉状炭角菌 *X. furcata*

7. 子座内部白色，顶端有长尖 ………………………………………………………… 胡椒形炭角菌 *X. piperiformis*

7. 子座内部黑色，顶端圆钝 ………………………………………………………………… 黑柄炭角菌 *X. nigripes*

8. 芽缝比孢子短 ……………………………………………………………………… 巴西炭角菌 *X. brasiliensis*

8. 芽缝与孢子等长 ………………………………………………………………………………………………… 9

9. 子囊孢子 6～7(～8) × 3～4 μm ……………………………………………………… 砂生炭角菌 *X. arenicola*

9. 子囊孢子(7～)8～9(～9.5) × 3～5 μm ……………………………………………………… 皱柄炭角菌 *X. kedahae*

10. 子座生于果实上 …………………………………………………………………………………………… 11

10. 子座生于其他基物上 ……………………………………………………………………………………… 16

11. 生于壳斗科植物果实上 …………………………………………………………………… 果生炭角菌 *X. carpophila*

11. 生于其他科植物果实上 …………………………………………………………………………………… 12

12. 芽缝螺旋形 ………………………………………………………………………… 枫香炭角菌 *X. liquidambaris*

12. 芽缝直 ……………………………………………………………………………………………………… 13

13. 子囊孢子较小，(6.5～)7～8.5(～9) × 3～4.5 μm ………………………………………… 刺果藤炭角菌 *X. byttneriae*

13. 子囊孢子较大，长达 10 μm ……………………………………………………………………………… 14

14. 芽缝比孢子短很多 ……………………………………………………………… 琼楠炭角菌 *X. beilschmiediae*

14. 芽缝与孢子等长 …………………………………………………………………………………………… 15

15. 子囊孢子大，9～12 × 4～5 μm …………………………………………………… 毛鞭炭角菌 *X. xanthinovelutina*

15. 子囊孢子小，7.5～10 × 3.5～5 μm ………………………………………………………… 榴莲炭角菌 *X. culleniae*

16. 子座生于落叶上 …………………………………………………………………………………………… 17

16. 子座木生 …………………………………………………………………………………………………… 21

17. 子囊壳突出 ………………………………………………………………………………………………… 18

17. 子囊壳不突出 ……………………………………………………………………………………………… 19

18. 子囊孢子较小，长 11～14(～15) × 5～6 μm ……………………………………………… 绒座炭角菌 *X. filiformis*

18. 子囊孢子较大，16.5～20(～21) × 4～5(～6) μm ………………………………………… 江苏炭角菌 *X. jiangsuensis*

19. 子囊孢子较小，(5.5～)6～8 × 3～3.5(～4) μm ……………………………………………… 小炭角菌 *X. diminuta*

19. 子囊孢子较大，长达 8 μm ………………………………………………………………………………… 20

20. 子座表面无裂纹，柄有毛；子囊孢子 8～11 × 4～6 μm ………………………………… 海南炭角菌 *X. hainanensis*

20. 子座表面有裂纹，柄无毛；子囊孢子 (8.5～)9～11 × 4～6 μm ………………………… 叶生炭角菌 *X. foliicola*

21. 子座生于单子叶植物上 …………………………………………………………………………………… 22

21. 子座生于双子叶植物上 …………………………………………………………………………………… 24

22. 子座生于棕榈科植物叶子中脉上，子囊孢子大，16～18(～19.5)× 5～6(～7) μm ……………
……………………………………………………………………………………………… 裘诺炭角菌 *X. juruensis*

22. 子座生于竹子上 …………………………………………………………………………………………… 23

23. 子座顶端圆；芽缝比孢子短 ……………………………………………………………… 暗棕炭角菌 *X. badia*

23. 子座顶端通常有不孕小尖；芽缝与孢子等长……………………………竹生炭角菌 *X. bambusicola*

24. 子座顶端通常有不孕小尖……………………………………………………………………25

24. 子座顶端通常无不孕小尖……………………………………………………………………42

25. 子囊壳明显突出……………………………………………………………………………26

25. 子囊壳不明显突出…………………………………………………………………………31

26. 子囊壳孔口脐状，子囊孢子(10.5～)11～13(～14.5) × 4.5～6 μm……………………………………………………………………薛华克氏炭角菌 *X. schwackei*

26. 子囊壳孔口乳突状…………………………………………………………………………27

27. 子座上部扁……………………………………………………………双叉炭角菌 *X. dichotoma*

27. 子座上部圆…………………………………………………………………………………28

28. 子座橙褐色，子囊孢子稍大，(10～)11～15 × 4～5(～6) μm ………鲜亮炭角菌 *X. phosphorea*

28. 子座黑色……………………………………………………………………………………29

29. 子囊孢子大，13～18 × 4～7 μm，芽缝直，近孢子长…………………紫绒炭角菌 *X. cornu-damae*

29. 子囊孢子小…………………………………………………………………………………30

30. 子座单根，子囊孢子 10～12(～12.5)× 4～5 μm…………………………不对称炭角菌 *X. inaequalis*

30. 子座单根或者基部连生，子囊孢子 9～12 × 4～5 μm…………………细枝炭角菌 *X. scopiformis*

31. 子座球形、近球形或者陀螺形……………………………………………………………32

31. 子座圆柱形…………………………………………………………………………………33

32. 可育部分球状体基部有长的分叉突起………………………………………球形炭角菌 *X. sphaerica*

32. 可育部分球状体基部无长的分叉突起…………………………………………矮炭角菌 *X. xylarioides*

33. 子囊孢子长度大于 15 μm ……………………………………………………………………34

33. 子囊孢子长度小于 15 μm ……………………………………………………………………37

34. 子囊孢子长度达 20 μm ………………………………………………………………………35

34. 子囊孢子长度小于 20 μm ……………………………………………………………………36

35. 子囊孢子 20～28 × 9～11 μm；芽缝直，与孢子等长 ……………………美头炭角菌 *X. calocephala*

35. 子囊孢子 16～22 × 6～7 μm；芽缝斜或者螺旋形，1/2～2/3 孢子长………皱皮炭角菌 *X. scruposa*

36. 子囊孢子 11～15(～17) × 4～6 μm；芽缝直，比孢子短 ………………… 梅氏炭角菌 *X. mellissii*

36. 子囊孢子 14～17(～17.5)× 4.5～5.5(～6) μm；芽缝直，斜或者 S 形，近孢子长……………………………………………………………刺柏炭角菌车叶草变种 *X. juniperus* var. *asperula*

37. 子座顶端圆…………………………………………………………………………………38

37. 子座顶端扁…………………………………………………………………………………39

38. 子座表面黄褐色；子囊孢子 8～10(～11) × 3～4 (～5.5) μm………黄褐炭角菌 *X. coccophora*

38. 子座表面黑褐色；子囊孢子 10～12(～13) ×(3.5～)4～5 μm ……………… 丛炭角菌 *X. multiplex*

39. 子囊孢子稍小………………………………………………………………………………40

39. 子囊孢子稍大………………………………………………………………………………41

40. 子座簇生；子囊孢子(9～)10～12 × 3.5～4.5 μm……………………………皱扁炭角菌 *X. consociate*

40. 子座单根；子囊孢子(9.5～)10～11(～13) × 4～5(～6) μm………………朗氏炭角菌 *X. longiana*

41. 子座表面通常有白色痕迹，子囊孢子 11～14 × 5～6 μm ………………………团炭角菌 *X. hypoxylon*

41. 子座表面通常无白色痕迹，子囊孢子 12～17(～20) × 4～7 μm ……………锐顶炭角菌 *X. apiculata*

42. 子座表面光滑………………………………………………………………………………43

42. 子座表面粗糙………………………………………………………………………………59

43. 子座表面有黑色条纹………………………………………………………………………44

43. 子座表面无黑色条纹………………………………………………………………………45

44. 子座细……………………………………………………………………番丽炭角菌 *X. venustula*

44. 子座粗……………………………………………………………………条纹炭角菌 *X. grammica*

45. 子囊孢子长度小于 19 μm ························ 46
45. 子囊孢子长度大于 19 μm ························ 54
46. 子囊孢子芽缝不清晰························古巴炭角菌 *X. cubensis*
46. 子囊孢子芽缝清晰························ 47
47. 子座簇生························丛生炭角菌 *X. bipindensis*
47. 子座单生························ 48
48. 子囊孢子纺锤形························平滑炭角菌 *X. laevis*
48. 子囊孢子椭圆形························ 49
49. 子囊孢子稍小························ 50
49. 子囊孢子稍大························ 52
50. 子座顶端尖，子囊孢子 5～8 × 3～4(～5) μm························钝顶炭角菌 *X. aemulans*
50. 子座顶端圆························ 51
51. 子囊孢子 6～7.5(～8) × 3～5 μm ························棒状炭角菌 *X. beccarii*
51. 子囊孢子 8～10 × 4～5 μm ························角状炭角菌 *X. corniformis*
52. 子囊孢子色浅························木生炭角菌 *X. lignosa*
52. 子囊孢子色深························ 53
53. 芽缝直，比孢子短；子囊孢子 12～15 × 5～6 μm ························舌状炭角菌 *X. euglossa*
53. 芽缝直，几乎与孢子等长；子囊孢子 12～15(～16) × 4～5(～6) μm ······蕉孢炭角菌 *X. allantoidea*
54. 子座表面黄色；子囊孢子 19～24(～27) × 6～9.5 μm························黄色炭角菌 *X. tabacina*
54. 子座表面黑色························ 55
55. 芽缝直或者斜························多形炭角菌 *X. polymorpha*
55. 芽缝斜························ 56
56. 子囊孢子长度达到 28 μm ························ 57
56. 子囊孢子长度未达 28 μm ························ 58
57. 子座表面无褶皱，子囊孢子 21～28 × 5～10 μm ························卵形炭角菌 *X. obovata*
57. 子座表面有褶皱，子囊孢子 21.5～28 × 6～9 μm························斯氏炭角菌 *X. schweinitzii*
58. 子座柄短，子囊孢子(17.5～)19～23(～25) × 6～7(～8.5) μm························特氏炭角菌 *X. telfairii*
58. 子座柄长，子囊孢子 20～24 × 6～9 μm ························茂盛炭角菌 *X. luxurians*
59. 子囊孢子小························ 60
59. 子囊孢子大························ 67
60. 子座短························ 61
60. 子座长························ 62
61. 子囊壳凸起不明显························短柄炭角菌 *X. castorea*
61. 子囊壳凸起明显························串珠炭角菌 *X. botuliformis*
62. 子座通常扁························ 63
62. 子座通常圆························ 65
63. 子囊壳凸起明显························皱纹炭角菌 *X. plebeja*
63. 子囊壳凸起不明显························ 64
64. 顶端通常渐细························黄心炭角菌 *X. feejeensis*
64. 顶端通常圆钝························竿状炭角菌 *X. rhopaloides*
65. 子座柄肥大························滨海炭角菌 *X. primorskensis*
65. 子座柄不肥大························ 66
66. 在子囊壳表层下有一层橙黄色························橙黄炭角菌 *X. luteostromata*
66. 在子囊壳表层下无一层橙黄色························短炭角菌 *X. curta*
67. 子座扁球形、近球形或者形态多变························ 68

67. 子座通常圆柱形………………………………………………………………………………… 70

68. 子座簇生…………………………………………………………………… 葚座炭角菌 *X. anisopleura*

68. 子座单生……………………………………………………………………………………… 69

69. 子囊顶环矩形，长 4～5 μm ……………………………………………… 扣状炭角菌 *X. fibula*

69. 子囊顶环瓮形，长 9～10 μm……………………………………… 半球炭角菌 *X. semiglobosa*

70. 子囊孢子不等边梭形……………………………………………………………………… 71

70. 子囊孢子不等边椭圆形…………………………………………………………………… 72

71. 芽缝斜或者直，比孢子短………………………………………………… 白壳炭角菌 *X. dealbata*

71. 芽缝直，几乎与孢子等长………………………………………………… 周氏炭角菌 *X. choui*

72. 子囊孢子稍小……………………………………………………………………………… 73

72. 子囊孢子稍大……………………………………………………………………………… 74

73. 芽缝斜或者螺旋形，比孢子短得多；子囊孢子 15～20 × 5～7.5 μm……… 大孢炭角菌 *X. berkeleyi*

73. 芽缝直，与孢子等长；子囊孢子 15～18(～20) × (2～)5 μm ………………… 长柄炭角菌 *X. longipes*

74. 芽缝直，比孢子稍短；子囊孢子 25～40 × 5～10 μm ………………… 花壳炭角菌 *X. comosa*

74. 芽缝斜或者直……………………………………………………………………………… 75

75. 芽缝斜或者直，比孢子短得多；子囊孢子 20～23.5 × 6.5～7.5(～10) μm ……………………………………………………………………………………………… 黑炭角菌 *X. nigrescens*

75. 芽缝斜，短；子囊孢子 27～31 × 9～12.5 μm ……………………………… 台湾炭角菌 *X. formosana*

钝顶炭角菌　图版 I

Xylaria aemulans Starbäck, Bih. K. Svenska VetenskAkad. Handl., Afd. 3 27(no. 9): 23, 1901; Teng, Fungi of China. p. 202, 1963; Tai, Sylloge Fungorum Sinicorum. p. 350, 1979; Bi et al., Macrofungus Flora of Guangdong Province. p. 28, 1994; Zhuang, Higher Fungi of Tropical China. p. 126, 2001; Mao, The Macrofungi in China. p. 570, 2000.

Xylosphaera aemulans (Starb.) Dennis, Kew Bull. 13: 153, 1958.

子座棒状或扭曲的圆柱状，通常单根，偶有分枝，顶端渐尖，无不孕小尖，长 1.2～2.2 cm，宽 1～2 mm；表面黑色，纵向有浅凹陷；内部白色；柄长 5～6 mm，宽 1 mm，表面有皱纹，基部有细绒毛。子囊壳椭圆形、扁球形或者圆柱形，长 200～270 μm，宽 120～230 μm。孔口乳突状。子囊圆柱形，八孢，单排排列，有孢子部分长 49 μm，顶环在 Melzer 试剂中呈蓝色，正方形或者矩形，长 1～1.2 μm，宽 0.8～1 μm。子囊孢子浅褐色或褐色，单胞，等边或者不等边椭圆形，偶有卵形，两端圆钝，5～8 × 3～4(～5) μm，芽缝直，与孢子等长。

生境：生于腐木上。

研究标本：广西：隆林，1957. XI. 1，徐连旺 709，HMAS 23285；隆林，1957. X. 24，徐连旺 339，HMAS 30818。海南：五指山，2007. VII. 22，周茂新、李国杰 71049，HMAS 179750。云南：产地不详，1934. VI. 29，邓祥坤 3867，HMAS 9072。

世界分布：中国、厄瓜多尔、玻利维亚。

蕉孢炭角菌　图版 II

Xylaria allantoidea (Berk.) Fr., Nova Acta R. Soc. Scient. Upsal., Ser. 3, 1: 127, 1851; Teng, Fungi of China. p. 198, 1963; Tai, Sylloge Fungorum Sinicorum. p. 350, 1979.

Sphaeria allantoidea Berk., Ann. Mag. Nat. Hist. 3: 397, 1839 (as *allantodea*).
Sphaeria zeylanica Berk., Hooker's London J. Bot. 6: 513, 1847.
Hypoxylon domingense Berk., Ann. Mag. Nat. Hist. Ser. 2, 9: 202, 1852.
Hypoxylon obtusissimum Berk., Ann. Mag. Nat. Hist. Ser. 2, 9: 202, 1852.
Xylaria zeylanica (Berk.) Berk. & Broome, J. Linn. Soc. Bot. 14: 118, 1873.
Xylaria obtusissima (Berk.) Sacc., Syll. Fung. 1: 318, 1882.
Xylaria domingensis (Berk.) Sacc., Syll. Fung. 1: 315, 1882.
Xylaria obesa Syd., Ann. Mycol. 5: 400, 1907; Teng, Fungi of China. p. 196, 1963; Tai, Sylloge Fungorum Sinicorum. p. 354, 1979.
Xylaria composita Lloyd, Mycol. Writ. 6(Letter 65): 1055, 1920 [1921].

子座单根，偶在基部分叉，圆柱状、香肠形或者棒状，顶端圆钝，长 4～13 cm，宽 0.7～2(～5) cm；表面褐色，光滑，无褶皱；内部白色，中空；柄短或者无。子囊壳球形或者近球形，直径 310～470 μm。孔口乳突状。子囊圆柱形，八孢，孢子单行排列，160～170 × 5.5～9 μm，有孢子部分长 67～103 μm，顶环在 Melzer 试剂中呈蓝色，矩形，长 2～3.5 μm，宽 1.5～2.5 μm。子囊孢子褐色或者浅褐色，单胞，不等边椭圆形，12～15(～16) × 3.5～5(～6) μm，芽缝直，几乎与孢子等长。

生境：生于腐木上。

研究标本：福建：三明，虎头山，1974.VII.7，姜广正、卯晓岚、马启明 472，HMAS 252451。广东：鼎湖山，海拔 100 m，2010.VI.24，李伟 2654，HMAS 263374；始兴，车八岭，海拔 350 m，2010.VI.23，李伟 2513，HMAS 263379；车八岭，海拔 350 m，2010.VI.26，李伟 2617，HMAS 263375。海南：定安，1934. IV. 1，邓祥坤 1861，HMAS 7286；定安，1934.XII.31，邓祥坤 8196，HMAS 7323；儋州，1934.XI.3，邓祥坤 5963，HMAS 7267；尖峰岭，海拔 900 m，2008.XI.23，何双辉、朱一凡、郭林 2587，HMAS 196797；霸王岭，海拔 600 m，2007.XI.12，何双辉、郭林、李振英，HMAS 182831；霸王岭，海拔 550 m，2008.XI.24，何双辉、朱一凡 2605，HMAS 196794；霸王岭，东四，海拔 1100 m，2009.V.8，李伟、刘小勇 1115，HMAS 267654；霸王岭，海拔 385 m，2010.XI.26，朱一凡、何双辉、戴玉成 482，HMAS 221713；昌江，叉河镇，海拔 20 m，2008.XI.24，何双辉、朱一凡、郭林 2605，HMAS 196795；霸王岭，海拔 650 m，2008.XI.25，何双辉、朱一凡、郭林 2640，HMAS 220871。云南：勐腊，勐仑，中国科学院西双版纳热带植物园，海拔 550 m，2013.X.14，黄谷、郭林、李伟 54，HMAS 270012；勐腊，勐仑，中国科学院西双版纳热带植物园，海拔 550 m，2013.X.14，黄谷、郭林、李伟 87，HMAS 269915；勐仑，中国科学院西双版纳热带植物园，海拔 550 m，2013.X.15，黄谷、郭林、李伟 95，HMAS 253076；勐仑，中国科学院西双版纳热带植物园，海拔 570 m，2013.X.16，黄谷、郭林、李伟 194，HMAS 253074；景洪，勐养，海拔 850 m，2013.X.18，黄谷、郭林、李伟 294，HMAS 253073；景洪，海拔 1000 m，1999.X.20，庄文颖、余知和 3165，HMAS 77972。

世界分布：中国、泰国、印度尼西亚、马来西亚、印度、斯里兰卡、塞拉利昂、尼日利亚、苏丹、肯尼亚、乌干达、坦桑尼亚、刚果、津巴布韦、巴布亚新几内亚、美国、墨西哥、哥斯达黎加、哥伦比亚、委内瑞拉、法属圭亚那、巴西。

讨论：此种与古巴炭角菌 *Xylaria cubensis* (Mont.) Fr.是近似种，其区别是前者子囊孢子稍大，芽缝明显；子座更粗壮，更像香肠状；后者子囊孢子小，(7～)8～10.5(～13) × (3.5～)4～5(～6) μm (Roger 1984)，芽缝不清晰。

阔角炭角菌 图版 III

Xylaria angulosa J.D. Rogers, Callan & Samuels, Mycotaxon 29: 149, 1987.

子座上部二歧分叉，分叉角度大，顶端有不孕小尖，长 6～10 cm，宽 2～3 mm；表面黑褐色，子囊壳孔口突出明显；内部白色，中心黑色；有柄。子囊壳椭圆形或者近球形，直径 200～500 μm。孔口圆锥-乳突状。子囊圆柱形，八孢，单排排列，70～80 × 4～5 μm，有孢子部分长 35～40 μm，顶环在 Melzer 试剂中呈蓝色，倒帽形，长 1～1.2 μm，宽 1～1.5 μm。子囊孢子褐色，单胞，不等边椭圆形，两端圆钝，4.5～5.5 × 2～3 μm，芽缝直，与孢子等长。

生境：生于混交林中地上。

研究标本：福建：福州，1958.VI.5，邓叔群 5682，HMAS 22004。云南：丘北，祥启村，1959. IX. 14，王庆之 778，HMAS 26830。

世界分布：中国、印度尼西亚。

讨论：此种与黑叉炭角菌 *Xylaria atrodivaricata* Y.M. Ju & H.M. Hsieh 是近似种，其主要区别是前者子座中心黑色，后者子座中心黄褐色。

葚座炭角菌 图版 IV

Xylaria anisopleura (Mont.) Fr., Nova Acta R. Soc. Scient. Upsal., Ser. 3, 1: 127, 1851; Teng, Fungi of China. p. 199, 1963; Tai, Sylloge Fungorum Sinicorum. p. 350, 1979; Bi et al., Macrofungus Flora of Guangdong Province. p. 32, 1994; Zhuang, Higher Fungi of Tropical China. p. 126, 2001.

Hypoxylon anisopleuron Mont., Ann. Sci. Nat. Bot. Sér. 2, 13: 348, 1840.

Xylaria globosa (Spreng.) Mont., Ann. Sci. Nat., Bot., Sér. 4, 3: 103, 1855.

Xylosphaera anisopleura (Mont.) Dennis, Kew Bull. 13(1): 102, 1958.

子座簇生，偶有单根，分叉或者不分叉，形态多变，桑葚状，卵圆形、近球形或者不规则形，顶端圆钝或者渐尖，高 0.3～2.5 cm，宽 2～9 mm；表面黑色，粗糙，有细小裂缝，子囊壳突起明显；内部白色，充实；有柄或者无，柄黑色，细，长 1～8 mm，宽 1～2 mm。子囊壳椭圆形或者近球形，直径 400～850 μm。孔口乳突状。子囊圆柱形，八孢，单行排列，190～240 × 9～12 μm，有孢子部分长 142～160 μm，顶环在 Melzer 试剂中呈蓝色，矩形，长 7～9 μm，宽 4～6 μm。子囊孢子褐色或者浅褐色，单胞，不等边椭圆形或者船形，两端窄圆或者一端尖，(20～)22～27(～30) × 7～9(～10) μm，芽缝斜或者螺旋形，比孢子短。

生境：生于木头上。

研究标本：广东：鼎湖山，1958. IX. 7，郑儒永、于积厚 48，HMAS 26827。广西：隆林，1957. XI. 5，徐连旺 750，HMAS 21947；隆林，1957. X. 31，徐连旺 654，HMAS 21948；金秀，圣堂湖，海拔 250 m，2011.VIII.25，李伟 1455，HMAS 270055；金秀，

圣堂湖，海拔 250 m，2011.VIII.25，李伟 1453，HMAS 270051；大瑶山，海拔 900 m，2011.VIII.23，李伟 1378，HMAS 270054；大瑶山，海拔 900 m，2011.VIII.23，李伟 1390，HMAS 270049。海南：儋州，1934. XI. 20，邓祥坤 675，HMAS 9659；儋州，1934. XI. 9，邓祥坤 6277，HMAS 9074；儋州，1934. XI. 21，邓祥坤 6804，HMAS 9654；吊罗山，1958. X. 4，郑儒永 367，HMAS 27777；尖峰岭，海拔 900 m，2008. XI. 23，何双辉、朱一凡、郭林 2582，HMAS 270053。贵州：雷公山，海拔 1350 m，2013.IX.11，李伟 2490，HMAS 270000。云南：开远，1934. III. 23，相望年 818，HMAS 9658；开远，1934. III. 23，相望年 815，HMAS 9676；1957. III. 16，徐连旺、王庆之 69，HMAS 20331；勐腊，勐仑，中国科学院西双版纳热带植物园，海拔 570 m，2013.X.15，黄谷、郭林、李伟 123，HMAS 270048；勐仑，中国科学院西双版纳热带植物园，海拔 570 m，2013.X.15，黄谷、郭林、李伟 140，HMAS 253071；勐仑，中国科学院西双版纳热带植物园，海拔 570 m，2013.X.15，黄谷、郭林、李伟 141，HMAS 270052；景洪，大渡岗，海拔 1300 m，2013.X.20，黄谷、郭林、李伟 376，HMAS 245236；景洪，海拔 600 m，2013.X.21，黄谷、郭林、李伟 423，HMAS 253142。四川：青城山，1960. VIII. 17，马启明 601，HMAS 31266。甘肃：1945. XI，邓叔群 4182，HMAS 7252。新疆：和静，巩乃斯，海拔 1646 m，2011. IX. 12，徐彪 1191218，HMAS 265720。台湾：宜兰，三星，海拔 550 m，2012. IX. 12，郭林 11626，HMAS 267053。

世界分布：中国、日本、马来西亚、印度、塞拉利昂、加纳、喀麦隆、乌干达、刚果、南非、澳大利亚、新西兰、巴布亚新几内亚、所罗门群岛、新喀里多尼亚、墨西哥、委内瑞拉、圭亚那、法属圭亚那、巴西、玻利维亚、智利。

锐顶炭角菌 图版 V

Xylaria apiculata Cooke, Grevillea 8(no. 46): 66 1879; Teng, Fungi of China. p. 204, 1963; Tai, Sylloge Fungorum Sinicorum. p. 350, 1979; Bi et al., Macrofungus Flora of Guangdong Province. p. 29, 1994; Zhuang, Higher Fungi of Tropical China. p. 126, 2001.

子座单根或者分枝，圆锥形或者长圆柱形，顶端有不孕小尖，全长 4～36 mm，宽 0.5～3 mm；表面黑色，有隆起和凹陷，微呈串珠状，孔口肉眼勉强可见；内部白色，充实；柄黑色，表面光滑，略扭曲，覆有短绒毛，基部略膨大，长 0.3～5 cm，宽 1～2 mm。子囊壳椭圆形、近球形或者卵圆形，长 440～640 μm，宽 350～490 μm。孔口锥形，肉眼可见。子囊圆柱形，八孢，单行排列，有孢子部分长 105～120 μm，顶环在 Melzer 试剂中呈蓝色，矩形或者倒帽状，长 2～3 μm，宽 1～2 μm。子囊孢子浅褐色或者褐色，单胞，等边或者不等边椭圆形，两端圆钝，12～17(～20) × 4～7 μm，芽缝直，与孢子等长。

生境：生于腐木上。

研究标本：北京：1931. V，徐连旺，HMAS 18326。江西：武宁，1936. VIII，邓祥坤 15154，HMAS 18330；黄岗山，1936. X，邓祥坤 17344，HMAS 18762；黄岗山，1936. X，邓祥坤 17705，HMAS 18792；黄岗山，1936. X，邓祥坤 18832，HMAS 18793；黄岗山，1936. X，邓祥坤 20154，HMAS 18794；黄岗山，1936. X，邓祥坤 17470，HMAS

18795；黄岗山，1936. X，邓祥坤 17705，HMAS 18792；黄岗山，1936. X，邓祥坤 18832，HMAS 18793；黄岗山，1936. X，邓祥坤 20154，HMAS 18794；黄岗山，1936. X，邓祥坤 17470，HMAS 18795。海南：吊罗山，1958. IX. 28，郑儒永 261，HMAS 27778；琼中，1960. IX. 16，于积厚、刘荣 2136，HMAS 29648。四川：青城山，1960. VIII. 18，马启明 655，HMAS 31267；1936. X，邓祥坤 17652，HMAS 18796；1934. X. 2，邓祥坤 4972，HMAS 9073。云南：思茅，1933. XI. 26，蒋英 238，HMAS 7260；昆明，1935. IV. 16，Yao H. S.，HMAS 8790。

世界分布：中国、印度尼西亚、南非、新西兰、巴布亚新几内亚、美国、特立尼达和多巴哥、委内瑞拉、圭亚那、巴西。

砂生炭角菌

Xylaria arenicola Welw. & Curr., Trans. Linn. Soc. London 26: 280, 1867.

Xylosphaera nigripes var. *arenicola* (Welw. & Curr.) Dennis, Bull. Jard. Bot. État Brux. 31: 116, 1961.

Xylaria nigripes var. *arenicola* (Welw. & Curr.) D. Hawksw., Trans. Br. Mycol. Soc. 60(2): 200, 1973.

子座单根或者分叉，圆柱形，顶端圆钝，长 3.5～6.3 cm，宽 4～8 mm，可育部分长 2.5～10 cm，表面黑色，光滑，可见点状子囊壳孔口突起；内部黑色，充实；柄根状，黑色，圆柱形或者扁平。子囊壳近椭圆形或者近圆柱形，直径 280～820 μm。孔口乳突状。子囊圆柱形，八孢，单行排列，有孢子部分 28～45 × 4～5 μm，顶环在 Melzer 试剂中呈蓝色，矩形，长 1～1.2 μm，宽 1.5～2 μm。子囊孢子褐色，单胞，不等边椭圆形，两端钝圆或者窄圆，6～7(～8) × 3～4 μm，芽缝直，与孢子等长。

生境：生于地上。

研究标本：浙江：杭州，1958. VI. 21，邓叔群 5900，HMAS 27801。广西：靖西，邦亮自然保护区，2010.VIII.6，吴兴亮，HMAS 263371。海南：霸王岭，海拔 780 m，2007.VIII.1，陆春霞 1607，HMAS 270046。云南：景洪，勐养，海拔 870 m，2013.X.18，黄谷、郭林、李伟 254b，HMAS 270010。

世界分布：中国、安哥拉。

讨论：此种与黑柄炭角菌 *Xylaria nigripes* 是近似种，区别是后者子囊孢子小，(3.5～)4～5 × 2～3 μm。

黑叉炭角菌　图版 VI

Xylaria atrodivaricata Y.M. Ju & H.M. Hsieh, Mycologia 99(6): 939, 2008 [2007].

子座圆柱状，通常多次重复双歧分叉，顶端尖，长 6～8 cm，宽 1～2 mm，可育部分长 2～3.5 cm；表面黑色，光滑，可见明显孔口；内部白色，中心黄褐色。有柄；子囊壳近球形或者椭圆形，直径 200～370 μm，孔口圆锥状突起。子囊圆柱形，八孢，单行排列，60～72 × 4～5 μm，有孢子部分长 35～38 μm，顶环在 Melzer 试剂中呈蓝色，倒帽形，长 1～1.5 μm，宽 1～1.5 μm。子囊孢子褐色，单胞，不等边梭形，4.5～5.5 × 2～2.5(～3) μm，芽缝直，与孢子等长。

生境：生于地上。

研究标本：江苏：南京，中山陵，1956.VII，复旦大学 57 级低植队 314，HMAS 47459。云南：宾川，鸡足山，1989. VIII. 7，宗毓臣、李宇，HMAS 59821。

世界分布：中国。

暗棕炭角菌　图版 VII

Xylaria badia Pat., J. Bot. (Morot)5: 319, 1891; Ju & Rogers, Mycotaxon 73: 399, 1999.

子座通常单根或者偶有基部分叉，圆柱状，顶端圆形，高 0.4～2 cm，宽 1.5～3 mm；表面黄褐色或者暗棕色，光滑，可见孔口；内部浅褐色，充实；有柄；子囊壳近球形或者椭圆形，直径 200～400 μm，孔口乳突状。子囊圆柱形，八孢，单行排列，100～130 × 5～7 μm，有孢子部分长 50～58 μm，顶环在 Melzer 试剂中呈蓝色，扁盘状，长 0.8～1 μm，宽 1.5～1.8 μm。子囊孢子浅褐色，单胞，椭圆形，两端圆钝，9～11 × (3～)3.5～4.5(～5) μm，芽缝直，比孢子短很多。

生境：生于竹子上。

研究标本：云南：勐仑，中国科学院西双版纳热带植物园，海拔 550 m, 2013.X.14，黄谷、郭林、李伟 71，HMAS 269984；勐腊，磨龙，海拔 900 m，2013.X.17，黄谷、郭林、李伟 225，HMAS 269985；勐海，海拔 1000 m，2013.X.19，黄谷、郭林、李伟 328，HMAS 269978。

世界分布：中国、越南、泰国、马来西亚、菲律宾、巴布亚新几内亚、法属圭亚那。

竹生炭角菌　图版 VIII

Xylaria bambusicola Y.M. Ju & J.D. Rogers, Mycotaxon 73: 400, 1999.

子座不分叉或者分叉，通常簇生，偶单生，圆柱状，有的稍扁，顶端通常有不育小尖，长 2～10(～15) cm，宽 1.5～3 mm，可育部分长 1.5～3 mm，表面黑色，纵向皱裂，可见子囊壳突起，孔口通常脐状。内部白色，充实；柄具绒毛；子囊壳椭圆形或者近球形，直径 390～530 μm。子囊圆柱形，八孢，单行排列，有柄，100～105 × 6.5～8.5 μm，有孢子部分长 58～68 μm，顶环在 Melzer 试剂中呈蓝色，倒帽形，高 2.5～3 μm，宽 2～2.8 μm。子囊孢子褐色，不等边椭圆形，两端窄圆，9.5～11(～12.5) × 4～5 μm；芽缝直，与孢子等长。

生境：生于竹子上。

研究标本：云南：勐腊，勐仑，中国科学院西双版纳热带植物园，海拔 550 m，2013. X. 14，黄谷、郭林、李伟 57，HMAS 253084；勐仑，中国科学院西双版纳热带植物园，海拔 550 m，2013.X.14，黄谷、郭林、李伟 55，HMAS 253083；勐仑，中国科学院西双版纳热带植物园，海拔 550 m，2013.X.15，黄谷、郭林、李伟 116，HMAS 269991；景洪，勐养，海拔 850 m，2013.X.18，黄谷、郭林、李伟 266，HMAS 269988；景洪，勐养，海拔 870 m，2013.X.18，黄谷、郭林、李伟 244，HMAS 269986；景洪，关坪，海拔 870 m，2013.X.18，黄谷、郭林、李伟 269，HMAS 253143；景洪，海拔 560 m，2013.X.21，黄谷、郭林、李伟 386，HMAS 269982；勐海，海拔 980m，2013.X.19，黄谷、郭林、李伟 305，HMAS 270015。台湾：南投，溪头，海拔 1200 m，2012. IX. 17，

郭林 11657，HMAS 265122，南投，惠荪农场，海拔 700 m，2012. IX. 16，郭林 11631，HMAS 265121。

世界分布：中国、泰国。

讨论：在西双版纳发现的标本柄稍长，使子座的长度可以达到 15 cm，其他特征与 Ju 和 Rogers(1999)在中国台湾发现的模式标本特征相同，模式标本子座长达 9 cm。

棒状炭角菌 图版 IX

Xylaria beccarii Lloyd, Mycol. Writ. 7 (Letter 71): 1247, 1924; Teng, Fungi of China. p. 202, 1963; Tai, Sylloge Fungorum Sinicorum. p. 350, 1979; Bi et al., Macrofungus Flora of Guangdong Province. p. 27, 1994; Zhuang, Higher Fungi of Tropical China. p. 126, 2001.

子座单根，圆柱状，顶端圆钝，高 2.5～3.5 cm，宽 2～5 mm；表面黑色；内部白色，充实；柄黑色，长 0.3～1 cm，宽 2 mm。子囊壳近椭圆形、椭圆形或近圆形，长 360～480 μm，宽 290～410 μm。孔口呈不明显的乳突状。子囊圆柱形，八孢，单行排列，有孢子部分长 56～62 μm，顶环在 Melzer 试剂中呈蓝色，矩形或梯形，长 0.5～0.8 μm，宽 1～1.5 μm。子囊孢子暗褐色，单胞，不等边椭圆形，两端圆钝，6～7.5(～8) × 3～5 μm，芽缝直，与孢子等长。

生境：生于腐木上。

研究标本：广西，隆林，1957. XI. 1，徐连旺 716，HMAS 30822。

世界分布：中国、印度尼西亚、印度。

琼楠炭角菌 图版 X

Xylaria beilschmiediae G. Huang & L. Guo, Mycotaxon 129:149, 2014.

子座不分叉，簇生或者单生，圆柱状，顶端通常有不育小尖，长 1.2～2.5 cm，宽 1～2 mm，可育部分长 0.3～1 cm，柄有毛，表面黑色，有纵向剥离层，可见子囊壳孔口突起；内部白色，充实；子囊壳近球形或者椭圆形，直径 330～500 μm。子囊圆柱形，八孢，单行排列，有柄，138～165 × 6～8 μm，有孢子部分长 75～88 μm，顶环在 Melzer 试剂中呈蓝色，帽形，高 3～4 μm，宽 2～3 μm。子囊孢子浅褐色或者褐色，单胞，不等边椭圆形，两端钝圆，(11～)12～14 × 4～5(～6) μm；芽缝直，比孢子短很多，约 1/2 长。

生境：生于厚叶琼楠 *Beilschmiedia percoriacea* C.K. Allen(樟科 Lauraceae)落果上。

研究标本：云南：景洪，关坪，海拔 870 m，2013.X.18，黄谷、郭林、李伟 285，HMAS 269888(主模式)。

世界分布：中国。

讨论：此种与喜马拉雅炭角菌 *Xylaria himalayensis* Narula & Rawla 是近似种，但是后者子座表面的子囊壳明显突出，无剥离层；生于被子植物未知科属植物的果实上(Narula et al. 1985)。

大孢炭角菌 图版 XI

Xylaria berkeleyi Mont., Grevillea 11(no. 59): 85, 1883; Teng, Fungi of China. p. 200, 1963;

Bi et al., Macrofungus Flora of Guangdong Province. p. 23, 1994; Mao, The Macrofungi in China. p. 571, 2000; Zhuang, Higher Fungi of Tropical China. p. 126, 2001.

Xylosphaera berkeleyi (Mont.) Dennis, Kew Bull. 13(1): 102, 1958.

子座单根，不分枝或者分枝，圆柱形，扭曲的扁平状，顶端圆钝或略尖，高 7～22 mm，宽 2～4 mm，宽 0.2～3 cm；表面黑色，有细密网状裂隙，因乳突状孔口的凸起而粗糙不平；内部黄白色，充实；柄黑色，沿纵向有浅凹条纹，基部略膨大，长 3～17 mm，宽 1～3 mm。子囊壳圆柱形、近椭圆形或近球形，长 540～600 μm，宽 290～460 μm。孔口圆锥状或乳突状。子囊圆柱形，八孢，单行排列，有孢子部分长 110～140 μm，顶环在 Melzer 试剂中呈蓝色，矩形或者梯形，长 2 μm，宽 1 μm。子囊孢子浅褐色或褐色，单胞，不等边椭圆形，一端圆钝，另一端略尖，15～20 × 5～7.5 μm，芽缝斜或者螺旋形，比孢子短得多。

生境：生于腐木上。

研究标本：云南：思茅，1957. IV. 9，徐连旺 570，HMAS 32732。

世界分布：中国、委内瑞拉、法属圭亚那。

丛生炭角菌 图版 XII

Xylaria bipindensis Lloyd, Mycol. Notes (Cincinnati) (7): 29, 1918; Teng, Fungi of China. p. 201, 1963; Tai, Sylloge Fungorum Sinicorum. p. 351, 1979; Bi et al., Macrofungus Flora of Guangdong Province. p. 30, 1994; Zhuang, Higher Fungi of Tropical China. p. 126, 2001.

子座簇生，单根或者偶分叉，圆柱形，有的变扁，顶端圆钝，长 2.5～8 cm，宽 3～10 mm；表面黑色，稍皱，有密集而细小的子囊壳孔口；内部白色，后期中空；柄短，黑色，长 3～9 mm，宽 1.5～3 mm。子囊壳近球形，直径 400～540 μm；孔口乳突状。子囊圆柱形，八孢，单行排列，有孢子部分 55～77 × 4.5～6 μm，顶环在 Melzer 试剂中呈蓝色，倒帽形，长 2.5～3.5 μm，宽 2～3 μm。子囊孢子褐色，单胞，不等边椭圆形，两端圆钝，8～11 × 4～5 μm，芽缝直，与孢子等长。

生境：生于腐木上。

研究标本：海南：儋州，1935.I.14，邓祥坤 8375，HMAS 7261；定安，1934.XI.15，邓祥坤 6550，HMAS 7386；吊罗山，1960.XI.6，于积厚、刘荣 2812，HMAS 30828。四川：天全，大河，1956，林业部综合调查队 4-0143，HMAS 32161。云南：景洪，关坪，海拔 850 m，2013.X.18，黄谷、郭林、李伟 275，HMAS 270179。

世界分布：中国、非洲西部。

串珠炭角菌 图版 XIII

Xylaria botuliformis Rehm, Philipp. J. Sci., C, Bot. 8(2): 188, 1913; Teng, Fungi of China. p. 201, 1963; Tai, Sylloge Fungorum Sinicorum. p. 351, 1979; Zhuang, Higher Fungi of Tropical China. p. 126, 2001.

子座单根，圆柱形，顶端钝且常有膨大，长 11～27 mm，宽 2.5～6.5 mm；表面黑色，子囊壳凸起，孔口肉眼可见；内部白色或者浅黄色，充实；柄黑色，有纵向皱褶，基部略有膨大，长 2～15 mm，宽 1～1.5 mm。子囊壳近圆形，长 390～600 μm，宽 380～530 μm。孔口乳突状。子囊圆柱形，八孢，单行排列，有孢子部分长 59～70 μm，顶环在 Melzer 试剂中呈蓝色，倒帽形，长 1～2 μm，宽 1～1.5 μm。子囊孢子褐色，单胞，不等边椭圆形，两端圆钝，6.5～8×4～5 μm，芽缝直，近孢子长。

生境：生于腐木上。

研究标本：海南：吊罗山，1958. X. 4，郑儒永 366，HMAS 27785。

世界分布：中国、菲律宾。

巴西炭角菌 图版 XIV

Xylaria brasiliensis (Theiss.) Lloyd, Mycol. Notes (Cincinnati) 6(no. 61): 893, 1919; Teng, Fungi of China. p. 205, 1963; Tai, Sylloge Fungorum Sinicorum. p. 351, 1979; Bi et al., Macrofungus Flora of Guangdong Province. p. 24, 1994; Zhuang, Higher Fungi of Tropical China. p. 126 , 2001.

Xylaria arenicola var. *brasiliensis* Theiss., Annls Mycol. 6(4): 343, 1908.

子座单根或有分枝，多为圆柱形，顶端圆钝或略尖，地上部分长 3.4～6.2 cm，宽 0.4～0.6 mm；表面黑色，有纵向浅裂纹和不规则凸起，孔口肉眼不可见；内部白色，充实；无柄，只有延伸至地下的假根。子囊壳圆形或近圆形，长 450～750 μm，宽 330～500 μm。孔口乳突状。子囊圆柱形，八孢，单行排列，有孢子部分长 45～60 μm，顶环未观察到。子囊孢子浅褐色或者褐色，单胞，等边或不等边椭圆形，有胶质鞘包围，两端圆钝，8～9 × 3～4 μm，芽缝直，比孢子稍短。

生境：生于地上。

研究标本：云南，1957.IV.23，HMAS 29649。

世界分布：中国、巴西。

刺果藤炭角菌 图版 XV

Xylaria byttneriae G. Huang, L. Guo & Na Liu, Mycosystema 33: 568, 2014.

子座单根，偶有分叉，圆柱形，顶端有不孕尖，长 2～4 cm，宽 0.8～1.5 mm；表面黑色，后期纵向裂开，可见明显子囊壳突起；内部白色，充实；有柄，长 0.9～2.5 cm。子囊壳球形或者近球形，直径 500～600 μm；孔口乳突状。子囊圆柱形，八孢，单行排列，75～110 × 3～4.5 μm，有孢子部分长 42～55 μm，顶环在 Melzer 试剂中呈蓝色，倒帽形，长 1.5～2 μm，宽 0.8～1.5 μm。子囊孢子褐色，不等边椭圆形，两端窄圆，(6.5～)7～8.5(～9) × 3～4.5 μm，芽缝直，与孢子等长。

生境：生于粗毛刺果藤 *Byttneria pilosa* Roxb. (梧桐科 Sterculiaceae)掉落果实上。

研究标本：云南：勐腊，勐仑，中国科学院西双版纳热带植物园，海拔 570 m，2013. X. 16，黄谷、郭林、李伟 206，HMAS 269872 (主模式)。

生境：生于全缘刺果藤 *Byttneria integrifolia* Lace (梧桐科 Sterculiaceae)掉落果实上。

研究标本：云南：景洪，关坪，海拔 850 m，2013.X.18，黄谷、郭林、李伟 273，HMAS 269873 (副模式)。

世界分布：中国。

讨论：此种与榴莲炭角菌 *Xylaria culleniae* Berk. & Broome 是近似种，但是，后者子座表面有毛，子囊孢子稍大，8.5～9.5 × 3.5～4.5 μm，主要生在豆科 Leguminosae 果实上(Rogers 1979b, Rogers et al. 1988)。

美头炭角菌　图版 XVI

Xylaria calocephala Syd. & P. Syd., Bot. Jb. 54: 255, 1917; Teng, Fungi of China. p. 203, 1963; Tai, Sylloge Fungorum Sinicorum. p. 351, 1979.

子座单根，偶基部分叉，棒状或者圆锥形，顶端有不孕小尖，长 1.4～4 cm，宽 2～4 mm；表面暗褐色，有纵向鳞片；可育部分长 4～8 mm，内部白色，充实；柄通常不分枝，罕分叉，圆柱状，暗褐色，有绒毛。子囊壳近球形或者椭圆形，直径 500～700 μm。孔口乳突状。子囊圆柱形，八孢，单行排列，有孢子部分 141～169 × 10～14 μm，顶环在 Melzer 试剂中呈蓝色，倒帽形，长 4～6 μm，宽 3～5 μm。子囊孢子深褐色或者褐色，不等边椭圆形，两端窄圆或者渐尖，20～28 × 9～11 μm，芽缝直，与孢子等长。

生境：生于腐木上。

研究标本：陕西：鄠县，太白山，1958. IX. 17，张世俊 723，HMAS 31079。

世界分布：中国、巴布亚新几内亚。

讨论：Dennis(1974)提出 *Xylaria calocephala* Syd. & P. Syd.可能是 *Xylaria eucephala* Sacc. & Paol.的异名，但是，Læssøe(1999) 认为两种子囊孢子大小有差异，后者子囊孢子大，28～35 × 8～10 μm (Van der Gucht 1995)。

果生炭角菌

Xylaria carpophila (Pers.) Fr., Summa veg. Scand., Section Post. (Stockholm): 382, 1849; Teng, Fungi of China. p. 205, 1963; Tai, Sylloge Fungorum Sinicorum. p. 351, 1979; Bi et al., Macrofungus Flora of Guangdong Province. p. 25, 1994; Mao, The Macrofungi in China. p. 571, 2000; Zhuang, Higher Fungi of Tropical China. p. 127, 2001.

Sphaeria carpophila Pers., Observ. Mycol. (Lipsiae) 1: 19, 1796.

子座单根，圆柱形，顶端渐细，有不孕小尖，长 4～10 cm，宽 1～3 mm；表面黑色，上部可见子囊壳突起，下部有密绒毛；内部白色，充实；有柄。子囊壳圆柱形或近圆形，长 400～470 μm，宽 200～310 μm。孔口乳突状。未见子囊和子囊孢子。

生境：生于壳斗科 Fagaceae 青冈属 *Cyclobalanopsis* 植物的果实上。

研究标本：海南：定安，1934. XII. 23，邓祥坤 7918，HMAS 7186。

世界分布：中国、以色列、英国、美国。

讨论：生在果实和种子上的炭角菌具有寄主植物专化性(Rogers 1979b, Rogers et al. 1992, 2002, Whalley 1985, 1987)。中国有 6 个种：①琼楠炭角菌 *Xylaria beilschmiediae* G. Huang &L. Guo；②刺果藤炭角菌 *X. byttneriae* G. Huang et al.；③果生炭角菌 *Xylaria carpophila*；④榴莲炭角菌 *X. culleniae* Berk. & Broome；⑤毛鞭炭角菌 *X. xanthinovelutina* (Mont.) Fr.；⑥枫香炭角菌 *X. liquidambaris* J.D. Rogers et al.。果生炭角菌 *Xylaria carpophila* 生于壳斗科植物果实上，*X. culleniae* 和 *X. xanthinovelutina* 生于豆科植物果实上，*X. jaliscoensis*、*X. magnoliae* 和 *X. magnoliae* var. *microspore* 生于木兰属 *Magnolia* 植物果实上。

短柄炭角菌 图版 XVII

Xylaria castorea Berk. in Hooker, Flora Novae-Zelandiae II. p.204, 1855; Teng, Fungi of China. p. 200, 1963; Tai, Sylloge Fungorum Sinicorum. p. 351, 1979; Bi et al., Macrofungus Flora of Guangdong Province. p. 28, 1994; Zhuang, Higher Fungi of Tropical China. p. 127, 2001.

子座单根，短小，棒状或者卵圆形，不分枝，顶端圆钝，长 0.5～2 cm，宽 2～5 mm；表面黑色，有鳞片；内部白色，充实；柄短，黑色。子囊壳近球形或者椭圆形，直径 500～680 μm；孔口乳突状。子囊圆柱形，八孢，单行排列，113～135 × 4～5.5 μm，有孢子部分长 51～65 μm，顶环在 Melzer 试剂中呈蓝色，倒帽形，长 1.5～2 μm，宽 1～1.5 μm。子囊孢子褐色，不等边椭圆形，两端圆钝，8～10(～11) × 3～5 μm，芽缝直，几乎与孢子等长。

生境：生于腐木上。

研究标本：广西：凌乐，海拔 1000 m，1957.XII.11，徐连旺 1084，HMAS 27812；宁明，花山，海拔 80 m，2011.VIII.27，李伟 1482，HMAS。海南：吊罗山，1958.X.5，于积厚等 383a，HMAS 29573；尖峰岭，海拔 900 m，2008.XI.22，何双辉、朱一凡、郭林 2554，HMAS 220880；霸王岭，海拔 1000 m，2010.XI.24，朱一凡 430，HMAS 270691；霸王岭，海拔 640 m，2010.XI.27，朱一凡 501，HMAS 251209。云南：勐腊，勐仑，中国科学院西双版纳热带植物园，海拔 550 m，2013.X.14，黄谷、郭林、李伟 52，HMAS 269966；勐仑，中国科学院西双版纳热带植物园，海拔 550 m，2013.X.14，黄谷、郭林、李伟 80，HMAS 269965；勐仑，中国科学院西双版纳热带植物园，海拔 570 m，2013.X.16，黄谷、郭林、李伟 170，HMAS 270162；勐腊，海拔 760 m，2013.X.17，黄谷、郭林、李伟 236，HMAS 270161。

世界分布：中国、南非、新西兰、美国、巴西。

周氏炭角菌 图版 XVIII

Xylaria choui Hai X. Ma, Lar.N. Vassiljeva & Yu Li, Sydowia 63(1): 80, 2011.

子座单根，椭圆棒状或者宽椭圆棒状，顶端圆钝，高 1～2.3 cm，宽 0.6～1.5 mm；表面土褐色或者黑褐色，裂开形成细小浅黄褐色的鳞片，有褶皱；内部白色，后期中空；柄黑色，长 0.5～1.3 cm，宽 2～4 mm；子囊壳椭圆形，直径 520～930 μm；孔口稍突起。子囊圆柱形，八孢，单行排列，292～330 × 11～13 μm，有孢子部分长 170～192 μm，顶环在 Melzer 试剂中呈蓝色，瓮形，长 9～10 μm，宽 4～6 μm；子囊孢子深褐色，不等边梭形或者船形，两端窄圆，(28～)29～34(～34.5) × (7.5～)8～11 μm，芽缝直，几乎与孢子等长。

生境：生于腐木上。

研究标本：广西：猫儿山，海拔 1900 m，2011.VIII.19，李伟 1296，HMAS 270043；猫儿山，海拔 1900 m，2011.VIII.19，李伟 1287，HMAS 270041；猫儿山，海拔 1900 m，2011.VIII.19，李伟 1294，HMAS 270042；猫儿山，海拔 1900 m，2011.VIII.19，李伟 2188，HMAS 270040。

世界分布：中国。

黄褐炭角菌 图版 XIX

Xylaria coccophora Mont., Ann. Sci. Nat. Bot. Sér. 4, 3: 109, 1855.

Xylosphaera coccophora (Mont.) Dennis, Kew Bull. [13](1): 103, 1958.

子座单根或者分叉，圆柱形，顶端有不育小尖，高 1.5～4 cm，宽 1～3 mm；表面有黄褐色剥离层，可见轻微子囊壳突起；内部白色，充实；柄无毛；子囊壳椭圆形或者近球形，直径 250～350 μm；孔口突起。子囊圆柱形，八孢，单行排列，120～140 × 4～5.5 μm，有孢子部分长 65～85 μm，顶环在 Melzer 试剂中呈蓝色，矩形，长 1.5～2 μm，宽 1～1.5 μm；子囊孢子褐色，不等边椭圆形，两端圆，8～10(～11) × 3～4 (～5.5) μm，芽缝直，比孢子稍短。

生境：生于木头上。

研究标本：海南：吊罗山，海拔 500 m，1958.IX.29，于积厚等 317，HMAS 252458；五指山，海拔 800 m，2007.VII.22，何双辉 662，HMAS 177950。

世界分布：中国、法属圭亚那。

花壳炭角菌 图版 XX

Xylaria comosa (Mont.) Fr., Summa veg. Scand., Section Post. (Stockholm): 381, 1849; Teng, Fungi of China. p. 196, 1963; Tai, Sylloge Fungorum Sinicorum. p. 351, 1979; Zhuang, Higher Fungi of Tropical China. p. 127, 2001.

Hypoxylon comosum Mont. Ann. Sci. Nat. Bot. Sér. 2, 13, 345, 1840.

Hypoxylon collabens Mont. Ann. Sci. Nat. Bot. Sér. 2, 13, 347, 1840.

Xylosphaera comosa (Mont.) Dennis, Kew Bull. 13(1): 103, 1958.

Xylaria tigrina Speg. Bol. Acad. Nac. Cienias Cordoba 11, Fungi Puiggariani, 138, 1889.

子座单根，圆柱形或者卵形，不分枝，顶端圆钝，无不孕小尖，长 9～17 mm，宽 5～9 mm；表面间杂黄褐色与黑色的斑点，有轻微凸起，孔口较模糊；内部白色，中空；柄黑色，光滑，有螺旋状扭曲，长 8～15 mm，宽 1～2 mm。子囊壳椭圆形或者近球形，长 1.03～1.22 mm，宽 0.8～1.02 mm。孔口乳突状。子囊未见，顶环在 Melzer 试剂中呈蓝色，矩形，长 4～5 μm，宽 2～3 μm。子囊孢子浅褐色或者褐色，单胞，圆柱形，不等边椭圆形，两端圆钝，25～40 × 5～10 μm，芽缝直，比孢子稍短。

生境：生于腐木上。

研究标本：广西：凌乐，海拔 1900 m，1957.XII.17，徐连旺 1337，HMAS 21950。

世界分布：中国、马来西亚、法国、几内亚、巴布亚新几内亚、墨西哥、巴拿马、古巴、特立尼达和多巴哥、哥伦比亚、委内瑞拉、苏里南、法属圭亚那、巴西、玻利维亚。

皱扁炭角菌 图版 XXI

Xylaria consociata Starbäck, Bih. K. Svenska VetenskAkad. Handl., Afd. 3, 27(no. 9): 17, 1901; Teng, Fungi of China. p. 204, 1963; Tai, Sylloge Fungorum Sinicorum. p. 351, 1979; Bi et al., Macrofungus Flora of Guangdong Province. p. 29, 1994.

子座簇生，常分枝，圆柱形，通常扁，顶端有扁的不孕小尖，长 2.4～5.5 cm，宽

1.5～2.5 mm；表面有黑褐色剥离层，可见子囊壳孔口；内部白色，中空；柄黑褐色，覆有绒毛，长 0.8～2.5 cm，宽 1～2 mm。子囊壳椭圆形或者近球形，直径 400～650 μm。孔口乳突状。子囊圆柱形，八孢，单行排列，140～150 × 5～6 μm，有孢子部分长 60～80 μm，顶环在 Melzer 试剂中呈蓝色，倒帽形，长 1.5～2.5 μm，宽 1.2～2 μm。子囊孢子浅褐色或者褐色，不等边椭圆形，两端窄圆，(9～)10～12 × 3.5～4.5 μm，芽缝直，与孢子等长。

生境：生于腐木上。

研究标本：广西：桂林，猫儿山，海拔 1900 m，2011.VIII.19，李伟 1286，HMAS 270050。海南：霸王岭，海拔 800 m，1958.XI.21，于积厚、邢俊昌 763，HMAS 266004。贵州：册亨，龙茅寨，海拔 800 m，1958.X.14，王庆之 545，HMAS 269963。云南：勐腊，勐仑，中国科学院西双版纳热带植物园，海拔 560 m，2010.IX.4，曹旸等 10068，HMA S262471。西藏：林芝，鲁朗，海拔 3400 m，2012. VIII. 26，李伟 2051，HMAS 265708。

世界分布：中国、泰国、多米尼加、巴西。

讨论：此种与丛炭角菌 *Xylaria multiplex* (Kunze) Fr.是近似种，其主要区别是后者子座上部隆起，不扁。

嗜鸡腿菇炭角菌 图版 XXII

Xylaria coprinicola Y.M. Ju, H.M. Hsieh & X.S. He, Mycologia 103(2): 425, 2011.

子座通常簇生，不分叉或者分叉，圆柱形，顶端有不孕尖，色浅，长 4～10 cm，宽 2～6 mm；表面无毛，初期浅黄褐色或者浅褐色，后期砖红色或者黑褐色，可见子囊壳孔口；内部白色，充实；柄长，长 2～4 cm，宽 2～6 mm。子囊壳球形，直径 200～300 μm；孔口乳突状。子囊圆柱形，八孢，单行排列，子囊 65～80 × 3.5～5 μm，有孢子部分长 37～42 μm，顶环在 Melzer 试剂中呈蓝色，倒帽形，长 1.5～2 μm，宽 1～2 μm。子囊孢子浅褐色或者褐色，椭圆形或者稍不等边椭圆形，通常一端窄圆，一端阔圆，4.5～5.5 × 2.5～3 μm，芽缝直，与孢子等长。

生境：生于栽培蘑菇的地上。

研究标本：北京：通州，老槐庄，海拔 50 m，2014.VIII.11，王兰青 140811，HMAS 253334。

世界分布：中国。

讨论：此种生于栽培鸡腿蘑菇的覆土层上，是一种对蘑菇栽培危害较大的病原菌，使蘑菇产量下降，甚至绝收。

角状炭角菌 图版 XXIII

Xylaria corniformis (Fr.) Fr., Summa veg. Scand., Section Post. (Stockholm): 381, 1849; Teng, Fungi of China. p. 201, 1963; Tai, Sylloge Fungorum Sinicorum. p. 351, 1979; Zhuang, Higher Fungi of Tropical China. p.127, 2001.

Sphaeria corniformis Fr., Elench. Fung. 2:57, 1828.

子座单根，圆柱棒状或者棒状，通常不分叉，顶端圆钝，长 2.2～4.5 cm，宽 3～9 mm；表面有细小鳞片，黑褐色，可见小的子囊壳孔口突起；内部白色，后期中空。柄或长或短。子囊壳椭圆形或者近球形，直径 400～580 μm；孔口乳突状。子囊圆柱形，八孢，单行排列，柄长，90～125 × 5～8 μm，有孢子部分长 50～72 μm，顶环在 Melzer 试剂中呈蓝色，矩形，高 2～2.5 μm，宽 1.5～2 μm。子囊孢子暗褐色，不等边椭圆形，8～10.5 × 4～5 μm；芽缝直，几乎与孢子等长。

生境：生于腐木上。

研究标本：海南：吊罗山，海拔 400 m，1958. X. 5，于积厚等 383b，HMAS 29574；五指山，海拔 800 m，2007. XI. 26，何双辉、李振英、郭林 3004，HMAS 263357；七仙岭，海拔 700 m，2007. XI. 27，何双辉、李振英、郭林 3010a，HMAS 253080；七仙岭，海拔 700 m，2012. XI. 9，何双辉 HN05，HMAS 265709；尖峰岭，海拔 700 m，2007. XI. 15，郭林、何双辉、李振英 11665，HMAS 253081；尖峰岭，海拔 900 m，2008. XI. 22，何双辉、朱一凡、郭林 2557，HMAS 220881。云南：景洪，大勐龙，1958.X.29，韩树金、陈洛阳 5289，HMAS 27811；勐腊，1999.VIII.10，文华安、卯晓岚 92，HMAS 154476；勐腊，勐仑，中国科学院西双版纳热带植物园，2013.X.16，黄谷、郭林、李伟 197，HMAS 269914；勐仑，中国科学院西双版纳热带植物园，2013.X.16，黄谷、郭林、李伟 211，HMAS 269913。

世界分布：中国、波兰、美国。

紫绒炭角菌 图版 XXIV

Xylaria cornu-damae (Schwein.) Berk., in Ellis, N. Amer. Fung., Ser. 1, no. 158, 1873; Teng, Fungi of China. p. 202, 1963; Tai, Sylloge Fungorum Sinicorum. p. 352, 1979.

Sphaeria cornu-damae Schwein., Syn. Fung. Amer. Bor.: no.1163, 1832.

Xylosphaera cornu-damae (Schwein.) Dennis, Kew Bull. 13(1): 103, 1958.

子座散生或者群生，单根或有分枝，圆柱形，顶端多有不孕小尖，偶尔圆钝，长 1.1～4.4 cm，宽 2.5～6.5 mm；表面黑色，密布纵向皱褶和瘤状隆起，孔口肉眼可见；内部白色，中心部分黄色，充实；柄黑色至暗褐色，常有轻微扭曲，表面有纵向条纹，覆有黑色绒毛，长 6～27 mm，宽 1～3 mm。子囊壳扁球形，长 430～620 μm，宽 340～510 μm。孔口脐状或者不明显的乳突状。子囊圆柱形，八孢，单行排列，有孢子部分长 101～110 μm，顶环在 Melzer 试剂中呈蓝色，矩形，长 3 μm，宽 1～2 μm。子囊孢子浅褐色或者褐色，单胞，圆柱形、不等边椭圆形，13～18 × 4～7 μm，芽缝直，近孢子长。

生境：生于腐木上。

研究标本：吉林：长白山，1960. IX，杨玉川等 1027，HMAS 31080。

世界分布：中国、加拿大、美国。

古巴炭角菌 图版 XXV

Xylaria cubensis (Mont.) Fr., Nova Acta R. Soc. Scient. Upsal. Ser. 3, 1: 126, 1851.

Hypoxylon cubense Mont., Ann. Sci.Nat. Bot. Sér. 2, 13: 345, 1840.

Xylosphaera cubensis (Mont.) Dennis, Kew Bull. 13(1): 103, 1958.

Xylosphaera papyrifera subsp. *cubensis* (Mont.) Dennis, Bull. Jard. Bot. État Brux. 31: 122,

1961.

Xylaria papyrifera subsp. *cubensis* (Mont.) D. Hawksw., Trans. Brit. Mycol. Soc. 61: 200, 1973.

子座通常单根，圆柱棒状或者棒状，偶分叉，顶端圆钝，长 1.7～4.7 cm，宽 4～10 mm；表面通常光滑，有的具有网状细小裂纹，铜褐色或者黑色，可见小的子囊壳孔口突起；内部白色，充实，后期中空。有柄。子囊壳椭圆形或者近球形，直径 450～670 μm；孔口乳突状。子囊圆柱形，八孢，单行排列，柄长，116～140 × 5～6 μm，有孢子部分长 66～76 μm，顶环在 Melzer 试剂中呈蓝色，倒帽形，高 2～2.5 μm，宽 1.5～2 μm。子囊孢子褐色或者暗褐色，不等边椭圆形，两端窄圆，(7～)8～11(～11.5) × 4～5.5 μm；芽缝不清晰。

生境：生于腐木上。

研究标本：福建：武夷山，海拔 1150 m，2009.VI.21，张小青 7530，HMAS 269959。海南：霸王岭，海拔 440 m，2009.XII. 8，朱一凡、何双辉、郭林 145，HMAS 270180。贵州：雷公山，海拔 1400 m，2013.IX.11，刘小勇 201309113，HMAS 270700。云南：勐腊，勐仑，中国科学院西双版纳热带植物园，海拔 550 m，2013.X.14，黄谷、郭林、李伟 61，HMAS 269961；勐腊，勐仑，中国科学院西双版纳热带植物园，海拔 550 m，2013.X.14，黄谷、郭林、李伟 86，HMAS 269956；勐仑，中国科学院西双版纳热带植物园，海拔 570 m，2013.X.15，黄谷、郭林、李伟 111，HMAS 269938；勐仑，中国科学院西双版纳热带植物园，海拔 570 m，2013.X.15，黄谷、郭林、李伟 162，HMAS 269962；勐仑，中国科学院西双版纳热带植物园，海拔 570 m，2013.X. 16，黄谷、郭林、李伟 167，HMAS 269958；景洪，勐养，海拔 870 m，2013.X.18，黄谷、郭林、李伟 255b，HMAS 269942；景洪，关坪，海拔 870 m，2013.X.18，黄谷、郭林、李伟 289，HMAS 269939。西藏：波密，易贡，海拔 2300 m，1982.X.7，卯晓岚 797，HMAS 46644。

世界分布：中国、南非、美国、巴拿马、古巴、波多黎各、特立尼达和多巴哥、哥伦比亚、法属圭亚那、巴西。

讨论：此种与角状炭角菌 *Xylaria corniformis* Fr.是近似种，其区别是后者芽缝稍清晰，几乎与孢子等长。

榴莲炭角菌　图版 XXVI

Xylaria culleniae Berk. & Broome, J. Linn. Soc., Bot. 14(no. 74): 119, 1873 [1875].

子座不分叉或者分叉，圆柱状，顶端通常变扁，有不孕小尖，长 3～10 cm，宽 1～2 mm；表面黑褐色，可见明显子囊壳突起，有密毛；内部白色，充实。柄长 2～8 cm，有绒毛或者光滑，褐色。子囊壳近球形，直径 550～630 μm。孔口乳突状。子囊圆柱形，八孢，单行排列，103～135 × 4～6 μm，有孢子部分长 52～74 μm，顶环在 Melzer 试剂中呈蓝色，倒帽形，高 1.5～2 μm，宽 1.2～1.8 μm。子囊孢子褐色，单胞，不等边椭圆形，7.5～10 × 3.5～5 μm；芽缝直，与孢子等长。

生境：生于羊蹄甲属植物 *Bauhinia* sp. (豆科 Leguminosae)豆荚上。

研究标本：云南：勐腊，勐仑，中国科学院西双版纳热带植物园，海拔 570 m，2013.X.16，黄谷、郭林、李伟 203a，HMAS 245221；勐仑，中国科学院西双版纳热带植物园，海拔 570 m，2013.X.16，黄谷、郭林、李伟 185b，HMAS 269953；勐仑，中国科学院西双版纳热带植物园，海拔 570 m，2013.X.16，黄谷、郭林、李伟 220，HMAS 253253。

生境：生于刺果藤 *Byttneria aspera* Colebr.（梧桐科 Sterculiaceae）植物果实上。

研究标本：海南：三亚，1934. VI. 9，邓祥坤 2993，HMAS 7268。

世界分布：中国、英国、巴西、乌干达、危地马拉。

讨论：此种通常生在豆科植物的果实上。与毛鞭炭角菌 *Xylaria xanthinovelutina* 是近似种（Dennis 1956），后者子囊孢子稍大，9～12 × 3.5～5 μm（Rogers 1979b）。

短炭角菌 图版 XXVII

Xylaria curta Fr., Nova Acta R. Soc. Scient. Upsal. Ser. 3, 1: 126, 1851.

Xylosphaera curta (Fr.) Dennis, Kew Bull. 13(1): 103, 1958.

子座单根，棒状，无柄或者有柄，顶端圆钝，长 1～4.9 cm，宽 2.5～12 mm；表面粗糙，有白色或者黄色鳞片；内部白色，中心充实。子囊壳近球形或者椭圆形，直径 350～700 μm。孔口乳突状。子囊圆柱形，八孢，单行排列，95～160 × 5～7 μm，有孢子部分长 54～70 μm，顶环在 Melzer 试剂中呈蓝色，倒帽形，高 1.8～2.2 μm，宽 1.5～2 μm。子囊孢子褐色或者浅褐色，单胞，不等边椭圆形，两端稍圆，8～12 × 3～4.5 μm；芽缝直，比孢子稍短。

生境：生于腐木上。

研究标本：广东：封开，海拔 300 m，2010.VII. 1，李伟 2699，HMAS 263359。海南：霸王岭，海拔 780 m，2010. XI. 27，陆春霞 1605，HMAS 263365；霸王岭，海拔 640 m，2010. XI. 27，朱一凡 501，HMAS 251209；尖峰岭，海拔 900 m，2009. XII. 11，朱一凡、何双辉、郭林 149，HMAS 263368。云南：景洪，大勐龙，1958.X.26，韩树金、陈洛阳 5275，HMAS 27803；景洪，大勐龙，1958.X.29，韩树金、陈洛阳 5290，HMAS 27805；景洪，勐养，海拔 870 m，2013.X.18，黄谷、郭林、李伟 255c，HMAS 270177。台湾：新北，乌来，海拔 350 m，2012.IX.10，郭林 11623，HMAS 265126。

世界分布：中国、南非、新西兰、巴布亚新几内亚、美国、巴西。

白壳炭角菌 图版 XXVIII

Xylaria dealbata Berk. & M.A. Curtis, J. Acad. Nat. Sci. Philad., N.S. 2(6): 284, 1854 [1853]; Teng, Fungi of China. p. 196, 1963; Tai, Sylloge Fungorum Sinicorum. p. 352, 1979; Zhuang, Higher Fungi of Tropical China. p. 127, 2001.

Penzigia dealbata (Berk. & M.A. Curtis) Sacc. & Paol., Atti Inst. Veneto Sci. Lett., ed Arti 6: 407, 1888.

Xylosphaera dealbata (Berk. & M.A. Curtis) Dennis, Kew Bull. 13(1): 103, 1958.

Xylaria ridleyi Massee, Kew Bull. 1898: 118, 1898.

子座单根，圆柱形、棒状或者倒卵圆形，顶端圆，高 2～4 cm，宽 0.5～1.5 cm；表面初期白色或者黄白色，光滑，后期变橙色或者黑褐色，具有细小网纹，可见黑色子囊壳孔口；内部白色或者黄褐色，中空；柄圆柱形，光滑，长 6～12 mm，宽 2～4 mm。

子囊壳卵圆形或者椭圆形，直径 700～900 μm，孔口乳突状。子囊圆柱形，八孢，单行排列，有孢子部分 180～190 × 6.5～10.5 μm，顶环在 Melzer 试剂中呈蓝色，近圆柱形，长 4～7 μm，宽 3.5～4.5 μm。子囊孢子褐色，单胞，不等边梭形，两端呈乳突状，24～34(～38) × 6～10 μm，芽缝直或者斜，比孢子短。

生境：生于腐木上。

研究标本：海南：尖峰岭，海拔 800 m，1958. XI. 6，于积厚、邢俊昌 580，HMAS 27787。云南：西畴，小桥沟，海拔 1900 m，1959.V.13，王庆之 43，HMAS 27788；景洪，勐养，1957.III.28，徐连旺、王庆之 361，HMAS 21449。

世界分布：中国、越南、泰国、马来西亚、菲律宾、印度尼西亚、印度、刚果、安哥拉、澳大利亚、巴布亚新几内亚、墨西哥、委内瑞拉、圭亚那、巴西、特立尼达和多巴哥、苏里南。

双叉炭角菌 图版 XXIX

Xylaria dichotoma (Mont.) Mont., Syll. Gen. sp. Crypt. (Paris): 104, 1856.

Hypoxylon dichotoma Mont. [as ‘*dichotomum*’], in Sagra, Historia física, polirica y nayturál de la islea de Cuba 9: 351, 1845.

子座通常二歧分叉或者单根，扁，顶端有不孕小尖，长 2.3～5 cm，宽 1～3 mm；表面黑褐色，有明显子囊壳突起；柄褐色，有密毛，长 5～18 mm，宽 1～2 mm。子囊壳椭圆形或者近球形，直径 450～600 μm。孔口乳突状。子囊圆柱形，八孢，单行排列，136～180 × 6～8 μm，有孢子部分长 70～82 μm，顶环在 Melzer 试剂中呈蓝色，矩形，长 2～3 μm，宽 1.5～2 μm。子囊孢子褐色，单胞，不等边椭圆形，两端圆钝，(8.5～)9.5～13 × 3.5～5.5(～6) μm，芽缝直，几乎与孢子等长。

生境：生于木头上。

研究标本：云南：勐腊，勐仑，中国科学院西双版纳热带植物园，海拔 570 m，2013.X.15，黄谷、郭林、李伟 103，HMAS 270121。

世界分布：中国、古巴。

小炭角菌 图版 XXX

Xylaria diminuta F. San Martín & J.D. Rogers, in San Martín, Rogers & Lavín, Revta Mex. Micol. 13: 63, 1998; Huang et al., Mycotaxon 129: 150, 2014.

子座单根，不分叉或者偶分叉，细圆柱形，顶端有不孕小尖，高 1.2～4 cm，宽 0.8～1 mm；表面黑色，光滑，可见子囊壳突起；内部白色，充实；柄圆柱形，光滑，长 0.4～2.5 mm，宽 0.5～0.8 mm。子囊壳近球形，直径 270～430 μm，孔口乳突状。子囊圆柱形，八孢，单行排列，73～82 × 4～6 μm，有孢子部分长 32～45 μm，顶环在 Melzer 试剂中呈蓝色，矩形，长 1.5～2 μm，宽 1～1.5 μm。子囊孢子浅褐色或者褐色，单胞，不等边椭圆形，(5.5～)6～8 × 3～3.5(～4) μm，芽缝直，与孢子等长。

生境；生于落叶上。

研究标本：云南：景洪，大渡岗，海拔 1250 m，2013.X.20，黄谷、郭林、李伟 254，HMAS 269887。

世界分布：中国、墨西哥。

舌状炭角菌 图版 XXXI

Xylaria euglossa Fr., Nova Acta R. Soc. Scient. Upsal., Ser. 3, 1: 124, 1851; Teng, Fungi of China. p. 198, 1963; Tai, Sylloge Fungorum Sinicorum. p. 352, 1979; Bi et al., Macrofungus Flora of Guangdong Province. p. 32, 1994; Mao, The Macrofungi in China. p. 571, 2000; Zhuang, Higher Fungi of Tropical China. p. 127, 2001.

子座散生，单根，圆柱形或者圆锥形，顶端通常圆钝，偶扁，长 1.6～6.2 cm，宽 3～11 mm；表面较光滑，孔口肉眼明显可见；内部先有一较厚的炭层，向内变白，常中空；柄圆柱形，褐色，与子座界限模糊，光滑，长 5～7 mm，宽 2～6 mm。子囊壳椭圆形、圆柱形、近球形，长 350～410 μm，宽 270～330 μm。孔口乳突状。子囊圆柱形，八孢，单行排列，有孢子部分长 70～90 μm，顶环在 Melzer 试剂中呈蓝色，矩形或者正方形，长 2～3 μm，宽 1～2 μm。子囊孢子褐色或者深褐色，单胞，不等边椭圆形，两端窄圆，12～15 × 5～6 μm，芽缝直，比孢子短。

生境：生于腐木上。

研究标本：江西：黄岗山，1936. X，邓祥坤 18079，HMAS 18763。广西：东兰，1958. I. 18，徐连旺 671，HMAS 22003。福建：1958. VI. 2，邓叔群 5725，HMAS 21951；南靖，1960. X. 17，王庆之 941，HMAS 30832。广东：始兴，海拔 350 m，2010. VI. 26，李伟 2615，HMAS 263358；鼎湖山，海拔 100 m，2010. VI. 29，李伟 2660，HMAS 263363。海南：吊罗山，1960. XI. 1，于积厚、刘荣 2758，HMAS 31268；吊罗山，1958. IX. 26，郑儒永、于积厚 190，HMAS 32162；儋州，1934. XI. 1，邓祥坤 5872，HMAS 7312；1934. XI. 14，邓叔群 6516，HMAS 7375；吊罗山，1958. IX. 29，于积厚 343，HMAS 26050；尖峰岭，1958. XI. 9，于积厚、邢俊昌 610，HMAS 27789；万宁，1960. XII. 12，于积厚、刘荣 3028，HMAS 30830；1960. XII. 22，于积厚、刘荣 3185，HMAS 30831。云南：景洪，1958. XI. 13，韩树金、陈洛阳 5424，HMAS 26051；车里，1958. XI. 19，韩树金、陈洛阳 5464，HMAS 26829。

世界分布：中国、日本、哥斯达黎加。

黄心炭角菌 图版 XXXII

Xylaria feejeensis (Berk.) Fr., Nova Acta R. Soc. Scient. Upsal., Ser. 3, 1: 128, 1851; Teng, Fungi of China. p. 200, 1963; Tai, Sylloge Fungorum Sinicorum. p. 352, 1979; Zhuang, Higher Fungi of Tropical China. p. 127, 2001.

Sphaeria feejeensis Berk., J. Bot., London 1: 456, 1842 (as '*feejensis*').

Xylosphaera feejeensis (Berk.) Dennis, Kew Bull. 13(1): 103. 1958.

子座圆柱形、倒棒状、匙形或者形状不规则，无分叉或者自基部分叉，顶端通常渐细，长 1.5～4.5 cm，宽 2～8 mm；表面褐色或者黑褐色，粗糙，有不规则裂纹，可见子囊壳孔口，子囊壳内部通常黄色；柄黑褐色或者黑色，基部有绒毛或者无。子囊壳近球形或者卵圆形，直径 450～750 μm，孔口乳突状。子囊圆柱形，八孢，单行排列，有孢子部分 50～69 × 5～7 μm，顶环在 Melzer 试剂中呈蓝色，倒帽形，长 1.5～2 μm，宽

1.5～2 μm。子囊孢子褐色，单胞，不等边椭圆形，两端圆钝，8～11 × 3.5～5(～6) μm，芽缝直，几乎与孢子等长。

生境：生于腐木上。

研究标本：吉林：长白山，海拔 750 m，1998.IX.10，陈双林、庄文颖 2561，HMAS 78056。海南：1956.VIII.8，姜广正 8392，HMAS 267425；吊罗山，海拔 350 m，1958.IX.2，于积厚等 261，HMAS 267422；保亭，海拔 800 m，1958.X.12，于积厚、邢俊昌 404，HMAS 270056；七仙岭，海拔 700 m，2012.XI.9，何双辉 HN04，HMAS 265710；七仙岭，海拔 700 m，2012.XI.9，何双辉 HN02，HMAS 265711。云南：西双版纳，勐仑，1975.XII.25，韩树金等 133，HMAS 267426。

世界分布：中国、马来西亚、菲律宾、印度尼西亚、印度、塞拉利昂、加纳、尼日利亚、乌干达、澳大利亚、巴布亚新几内亚、斐济、墨西哥、哥斯达黎加、委内瑞拉、圭亚那、巴西。

扣状炭角菌 图版 XXXIII

Xylaria fibula Massee, Bull. Misc. Inf., Kew: 256, 1906; Teng, Fungi of China. p. 196, 1963; Tai, Sylloge Fungorum Sinicorum. p. 352, 1979.

子座扁球形，直径 0.5～1.3 cm，高 4～8 mm。表面黑色，有细小裂纹，无柄。子囊壳近球形或者椭圆形，直径 410～870 μm。孔口乳突状。子囊圆柱形，八孢，单行排列，有孢子部分 100～120 × 8～10 μm，顶环在 Melzer 试剂中呈蓝色，矩形，长 4～5 μm，宽 3～4 μm。子囊孢子褐色，单胞，不等边椭圆形，两端窄圆，有的一端或者两端收缩，(20～)22～30 × 7～9(～10) μm，芽缝斜，孢子 1/3～1/2 长。

生境：生于木头上。

研究标本：海南：儋州，1934. XI. 16，邓祥坤 6581，HMAS 9653。

世界分布：中国、新加坡。

绒座炭角菌 图版 XXXIV

Xylaria filiformis (Alb. & Schwein.) Fr., Summa veg. Scand., Section Post. (Stockholm): 382, 1849; Teng, Fungi of China. p. 202, 1963; Tai, Sylloge Fungorum Sinicorum. p. 352, 1979.

Sphaeria filiformis Alb. & Schwein., Consp. Fung. (Leipzig): 2, 1805.

Hypoxylon filiforme (Alb. & Schwein.) Rabenh., Deutschl. Krypt.-Fl. (Leipzig) 1: 223, 1844.

Xylosphaera filiformis (Alb. & Schwein.) Dennis, Kew Bull. 13(1): 103, 1958.

Podosordaria filiformis (Alb. & Schwein.) P.M.D. Martin, Jl S. Afr. Bot. 42(1): 79, 1976.

子座线形，长 2.5～7 cm，宽不超过 1 mm，顶端有线状不孕长尖；表面黑色，子囊壳明显突起；内部白色，充实；柄较长，黑色，光滑。子囊壳球形或者椭圆形，直径 300～450 μm；孔口乳突状。子囊圆柱形，八孢，单行排列，有孢子部分长 56～72 μm，顶环在 Melzer 试剂中呈蓝色，矩形或者倒帽状，长 2～3 μm，宽 1～2 μm。子囊孢子浅褐色或者褐色，单胞，不等边椭圆形，两端圆钝或者一端有乳突，11～14(～15) × 5～6 μm，芽缝直，与孢子等长。

生境：生于落叶上。

研究标本：河北：小五台山，1935. IX. 8，邓祥坤 12998，HMAS 18817。浙江：天目山，1930.VII.27，刘慎谔 6677，HMAS 17553。

世界分布：中国、英国、新西兰、美国、厄瓜多尔、阿根廷。

叶生炭角菌 图版 XXXV

Xylaria foliicola G. Huang & L. Guo, Mycotaxon 129: 150, 2014.

子座圆柱形，不分叉，偶有在可育部分分叉，长 2.3～3.5 cm，宽 1～2 mm；顶端有不孕灰白色尖，表面黑色，有纵向裂纹，可见子囊壳孔口突起；内部白色，充实；可育部分长 0.7～1.8 cm，柄无毛，有纵向褶皱。子囊壳近球形或者椭圆形，直径 400～650 μm，孔口乳突状。子囊圆柱形，八孢，单行排列，120～137 × 5～9 μm，有孢子部分长 58～68 μm，顶环在 Melzer 试剂中呈蓝色，倒帽状，长 2～3 μm，宽 1.5～2.5 μm。子囊孢子浅褐色或褐色，单胞，不等边椭圆形，两端圆钝，(8.5～)9～11 × 4～6 μm，芽缝直，与孢子等长。

生境：生于落叶上。

研究标本：云南：景洪，大渡岗，海拔 1250 m，2013.X.20，黄谷、郭林、李伟 259，HMAS 253028(主模式)。

世界分布：中国。

讨论：此种与海南炭角菌 *Xylaria hainanensis* Y.F. Zhu & L. Guo 是近似种，其区别是后者子座表面光滑，无裂纹，柄有毛；子囊短，长 65～70 μm，子囊中有孢子部分也较短，长 35～45 μm(Zhu and Guo 2011)。

台湾炭角菌

Xylaria formosana Y.M. Ju & Tzean, Trans. Mycol. Soc. R. O. C. 1(2): 112, 1985.

子座通常分叉，棒状，长 4.8 cm，宽 1 mm；顶端圆钝，表面黑褐色，有褶皱，粗糙，子囊壳内部白色，后期空，可见孔口突起；有柄。孔口脐状。子囊圆柱形，八孢，单行排列。顶环在 Melzer 试剂中呈蓝色，瓮形，长 8～10 μm，宽 7 μm。子囊孢子暗褐色或者黑色，单胞，不等边椭圆形，两端通常呈乳突状，27～31 × 9～12.5 μm，芽缝斜，短。

生境：生于木头上。

研究标本：云南：景洪，关坪，海拔 850 m，2013.X.18，黄谷、郭林、李伟 274，HMAS 270176。

世界分布：中国。

讨论：此种与斯氏炭角菌 *Xylaria schweinitzii* Berk. & M.A. Curtis 是近似种，其主要区别是后者子囊孢子褐色，两端通常不收缩，不呈乳突状。

叉状炭角菌 图版 XXXVI

Xylaria furcata Fr., Nova Acta R. Soc. Scient. Upsal., Ser. 3 1: 128, 1851; Teng, Fungi of China. p. 205, 1963; Tai, Sylloge Fungorum Sinicorum. p. 352, 1979.

子座直立，有分叉，顶端近圆锥形或者扁平，有不孕小尖，长 2.1～4.2 cm， 宽 2～3 mm；表面黑色，密布锥状突起；内部灰褐色；地上部分柄圆柱形，黑色，光滑或者有纵向皱纹，长 2～25 mm，宽 1～2 mm，柄延升到地下形成假根。子囊壳椭圆形、近球形或者圆柱形，长 310～370 μm，宽 220～360 μm。孔口乳突状。子囊圆柱形，八孢，单行排列，有孢子部分长 39～43 μm，顶环在 Melzer 试剂中呈蓝色，正方形，长 1 μm，宽 1 μm。子囊孢子浅褐色或者褐色，单胞，等边或者不等边椭圆形，两端圆钝，3.5～4.5 × 2～3 μm，芽缝直，与孢子等长。

生境：生于地上。

研究标本：云南：邱北，1959.IX.14，王庆之 778，HMAS 26830。

世界分布：中国、马来西亚、印度尼西亚、塞拉利昂、刚果。

条纹炭角菌 图版 XXXVII

Xylaria grammica (Mont.) Fr., Nova Acta R. Soc. Scient. Upsal., Ser. 3, 1: 128, 1851; Teng, Fungi of China. p. 198, 1963; Tai, Sylloge Fungorum Sinicorum. p. 352, 1979.

Hypoxylon grammicum Mont., Ann. Sci. Nat. Bot. Sér. 2, 13: 341, 1840.

Xylosphaera grammica (Mont.) Dennis, Kew Bull. 13(1): 103, 1958.

子座单根，通常不分叉，偶分叉，圆柱状棒形、梭状圆柱形，顶端圆钝或者渐细，长 2.4～15 cm，宽 3～13 mm；表面光滑，暗褐色，有黑色纵向条纹，常纵向裂开；内部黄褐色，后期中空；可育部分长 2～7 cm；柄黑褐色，光滑，或长或短。子囊壳椭圆形或者近圆形，直径 330～900 μm。孔口乳突状。子囊圆柱形，八孢，单行排列，131～155 × 5～6.5 μm，有孢子部分长 58～80 μm，顶环在 Melzer 试剂中呈蓝色，矩形或者倒帽形，高 2～3 μm，宽 1.5～2 μm。子囊孢子褐色，不等边椭圆形，两端圆钝，(9～)10～14 × 4～5(～6) μm，芽缝直，与孢子等长。

生境：生于木头上。

研究标本：广西：隆林，1957. XI. 6，徐连旺 835，HMAS 21952；隆林，1957. X. 30，徐连旺 602，HMAS 21955；隆林，1957. X. 31，徐连旺 687，HMAS 21953；隆林，1957. XI. 12，徐连旺 873，HMAS 21960；隆林，1957. XI. 1，徐连旺 710，HMAS 22005；隆林，1957. X. 29，徐连旺 581，HMAS 22006，徐连旺 579，HMAS 22605；隆林，1957. XI. 5，徐连旺 727，HMAS 22007；凌乐，1957. XII. 13，徐连旺 282，HMAS 21954；徐连旺 280，HMAS 21956；徐连旺 287，HMAS 21957；凌乐，1957. XII. 12，徐连旺 247，HMAS 21958；东兰，1958. I. 24，徐连旺 985，HMAS 21959。海南：尖峰岭，海拔 900 m，2008. XI. 22，何双辉、朱一凡、郭林 2561，HMAS 220874；霸王岭，海拔 1080 m，2010. XI. 25，朱一凡 454，HMAS 221712；七仙岭，2007.XI.27，何双辉、李振英、郭林 3009，HMAS 263377。贵州：册亨，1958. X. 14，王庆之 548，HMAS 27795；茂兰自然保护区，海拔 720 m，2013.IX.12，黄谷、郭林、李伟 21，HMAS 269995；茂兰自然保护区，海拔 550 m，2013. IX. 12，黄谷、郭林、李伟 26，HMAS 270006；茂兰自然保护区，海拔 720 m，2013. IX. 13，黄谷、郭林、李伟 32，HMAS 270004；茂兰自然保护区，海拔 740 m，2013. IX. 13，黄谷、郭林、李伟 33，HMAS 270003；茂兰自然保护区，海拔 600 m，2013. IX. 13，黄谷、郭林、李伟 34，HMAS 270007；茂

兰自然保护区，海拔 600 m，2013. IX. 13，黄谷、郭林、李伟 35，HMAS 270008；茂兰自然保护区，海拔 650 m，2013. IX. 13，黄谷、郭林、李伟 36，HMAS 270005。云南：漾濞，海拔 2500 m，1959. IX.2，王庆之 1172，HMAS 26054；漾濞，海拔 2500 m，1959.IX.2，王庆之 1173，HMAS 26055；景洪，1958. X. 29，韩树金、陈洛阳 5290，HMAS 27793；保山，高黎贡山，1959. IX. 22，王庆之 1272，HMAS 27815；西双版纳，勐龙，1958. XI. 5，韩树金、陈洛阳 5392，HMAS 27816；西双版纳，1958. XI. 19，韩树金、陈洛阳 5467，HMAS 27817；昆明，1991. VIII，孙淑霄、刘晓娟，HMAS 61393；勐海，曼稿，海拔 1200 m，庄文颖、余知和 3209，HMAS 77955；西双版纳，勐仑，1975. XII. 25，韩树金等 134，HMAS 267659；勐腊，勐仑，中国科学院西双版纳热带植物园，海拔 550 m，2013. X. 14，黄谷、郭林、李伟 70，HMAS 269996；勐腊，勐仑，中国科学院西双版纳热带植物园，海拔 550 m，2013.X.14，黄谷、郭林、李伟 90，HMAS 269973；勐仑，中国科学院西双版纳热带植物园，海拔 570 m，2013.X.15，黄谷、郭林、李伟 128，HMAS 253079；勐仑，中国科学院西双版纳热带植物园，海拔 570 m，2013.X.16，黄谷、郭林、李伟 191，HMAS 269975；勐海，海拔 980 m，2013.X.19，黄谷、郭林、李伟 304，HMAS 270694。

世界分布：中国、泰国、印度尼西亚、印度、塞拉利昂、加纳、尼日利亚、喀麦隆、乌干达、刚果、安哥拉、巴布亚新几内亚、墨西哥、巴拿马、古巴、委内瑞拉、圭亚那、巴西、玻利维亚、阿根廷、巴拉圭。

海南炭角菌　图版 XXXVIII

Xylaria hainanensis Y.F. Zhu & L. Guo, Mycosystema 30: 527, 2011.

子座直立，单生，圆柱形，具长菌柄，长 1～3.5 cm，宽 1.5 mm；表面灰色，除黑色孔口部分外的其他部分均光滑；内部白色；柄灰色，圆柱形，覆有密集棕褐色绒毛，长 8～10 mm，宽 0.5 mm。子囊壳近圆形，直径 0.3～0.4 mm。孔口乳突状。子囊圆柱形，八孢，单行排列，具柄，总长 65～70 μm，产孢子部分长 35～45 μm，顶环在 Melzer 试剂中呈蓝色，倒帽状，长 2～5 μm，宽 2 μm。子囊孢子浅褐色或者褐色，单胞，椭圆形，等边或者不等边椭圆形，两端钝圆或者窄圆，8～11 × 4～6 μm，芽缝直，几乎与孢子等长。

生境：生于落叶上。

研究标本：海南：保亭，甘什岭，海拔 200 m，朱一凡、郭林 72，HMAS 221727(主模式)。

世界分布：中国。

讨论：此种与 *Xylaira aristata* 是近似种，同为叶生，其区别是前者子座为灰色棒状，顶端有不孕小尖，菌柄长 8～10 mm，表面具浓密的棕褐色绒毛；子囊孢子长 8～11 μm。后者子座为淡褐色半圆形或者短圆柱形，顶端圆钝，菌柄长 8～30 μm，表面光滑；子囊孢子长 10～12 μm (Miller 1942)。

团炭角菌　图版 XXXIX

Xylaria hypoxylon (L.) Grev., Fl. Edin. p. 355, 1824; Tai, Sylloge Fungorum Sinicorum. p.

353, 1979; Zhuang, Higher Fungi of Tropical China. p. 128, 2001.

Clavaria hypoxylon L., Sp. pl. 2: 1182, 1753.

Sphaeria hypoxylon (L.) Pers., Observ. Mycol. (Lipsiae) 1: 20, 1796.

Sphaeria hypoxylon (L.) Pers., Observ. Mycol. (Lipsiae) 1: 20, 1796 var. *hypoxylon*

Xylosphaera hypoxylon (L.) Dumort., Comment. Bot. (Tournay) p. 91, 1822.

Xylosphaera hypoxylon (L.) Dumort., Comment. Bot. (Tournay) p. 91, 1822. subsp. *hypoxylon*

Xylaria hypoxylon (L.) Grev., Fl. Edin. p. 355, 1824. f. *hypoxylon*

Xylaria hypoxylon (L.) Grev., Fl. Edin. p. 355, 1824. var. *hypoxylon*

Xylaria hypoxylon (L.) Grev., Fl. Edin. p. 355, 1824. subsp. *hypoxylon*

Sphaeria adscendens Fr., Linnaea 5: 537, 1830.

Xylaria adscendens (Fr.) Fr., Nova Acta R. Soc. Scient. Upsal., Ser. 3, 1(1): 128, 1851 [1855].

Xylaria hypoxylon var. *mucronata* Berk. & Broome, J. Linn. Soc., Bot. 14(no. 74): 119, 1873.

Xylaria hypoxylon var. *bowmanii* F. Muell. [as '*bowmanni*'], J. Linn. Soc., Bot. 18: 389, 1881.

Xylaria hypoxylon var. *pedata* Sacc., Syll. Fung. (Abellini) 1: 333, 1882.

Xylaria subtrachelina Henn., Hedwigia 43(3): 207, 1904.

Xylaria hypoxylon f. *tropica* Syd., P. Syd. & E.J. Butler, Annls Mycol. 9(4): 418, 1911.

Xylosphaera adscendens (Fr.) Dennis, Kew Bull. [13](1): 102, 1958.

Xylosphaera hypoxylon subsp. *adscendens* (Fr.) Dennis, Bull. Jard. Bot. État Brux. 31: 124, 1961.

Xylaria hypoxylon var. *subtrachelina* (Henn.) P.M.D. Martin, Jl S. Afr. Bot. 36(2): 95, 1970.

Xylaria hypoxylon subsp. *adscendens* (Fr.) D. Hawksw., Trans. Br. Mycol. Soc. 61(1): 199, 1973.

子座单根或者分叉，圆柱形，上部稍扁或者圆，顶端有不孕小尖，长 2.5～8 cm，宽 2～5 mm；表面黑灰色，有白色剥离层，白色通常存留；内部白色，充实；柄或长或短，黑褐色，长 0.8～1 mm，宽 1～2.5 mm。子囊壳近球形或者椭圆形，直径 300～600 μm。孔口乳突状。子囊圆柱形，八孢，单行排列，有孢子部分 70～85 × 5～7 μm，顶环在 Melzer 试剂中呈蓝色，矩形，高 2～3 μm，宽 1.5～2.5 μm。子囊孢子褐色或者浅褐色，不等边椭圆形，两端圆钝，11～14 × 5～6 μm，芽缝直，比孢子稍短。

生境：生于腐木上。

研究标本：吉林：通化，白鸡腰山，海拔 900 m，2006. VIII. 5，张小青 5983，HMAS 145463；通化，白鸡腰山，海拔 900 m，2006. VIII. 5，张小青 5982，HMAS 145374。云南：保山，白花林，海拔 1400 m，2008.IX.4，何双辉、朱一凡、郭林 2348，HMAS 270692。

世界分布：中国、菲律宾、印度尼西亚、印度、德国、瑞士、英国、法国、西班牙、塞拉利昂、乌干达、刚果、南非、巴布亚新几内亚、墨西哥、古巴、特立尼达和多巴哥、法属圭亚那、巴西。

不对称炭角菌

Xylaria inaequalis Berk. & M.A. Curtis, in Berkeley, J. Linn. Soc., Bot. 10(no. 46): 382, 1868 [1869].

Xylosphaera inaequalis (Berk. & M.A. Curtis) Dennis, Kew Bull. 13(1): 104, 1958.

子座单根不分叉，圆柱状，顶端有不孕的尖，长1.7～3(～6) cm，宽1～2 mm；表面黑色，子囊壳有明显突起，可育部分长1～2 cm；内部白色充实；柄黑色，光滑。子囊壳近球形或者卵圆形，直径480～600 μm；孔口乳突状。子囊圆柱形，八孢，单行排列，120～131 × 6.5～9.5 μm，有孢子部分长75～78 μm，顶环在Melzer试剂中呈蓝色，倒帽形，长2.8～3.5 μm，宽2～2.8 μm。子囊孢子褐色，不等边椭圆形，两端圆钝，10～12(～12.5)× 4～5 μm，芽缝直，与孢子等长。

生境：生于木头上。

研究标本：云南：景洪，大渡岗，海拔1250 m，2013.X.20，黄谷、郭林、李伟365a，HMAS 270178。

世界分布：中国、古巴、委内瑞拉。

江苏炭角菌

Xylaria jiangsuensis Rui S. Wang & L. Guo, in Huang, Wang, Guo & Liu, Mycotaxon 130(1): 302, 2015.

子座线形，长3～7.5 cm，宽0.5～1 mm，顶端有不孕小尖；表面黑色，子囊壳明显突起；内部白色，充实；柄线状，宽0.4～0.6 mm，黑色，光滑，有菌丝状分叉。子囊壳球形或者近球形，直径450～570 μm；孔口乳突状。子囊圆柱形，八孢，单行排列，有孢子部分104～110 × 5～7 μm，顶环在Melzer试剂中呈蓝色，倒帽状，长2～2.5 μm，宽1～1.5 μm。子囊孢子褐色或者浅褐色，单胞，不等边梭形，两端渐细或者收缩，有的呈乳突状，16.5～20(～21) × 4～5(～6) μm，芽缝直，与孢子等长。

生境：生于落叶上。

研究标本：江苏：宝华山，1932.VI.10，邓叔群977，HMAS 7263(主模式)。

世界分布：中国。

讨论：此种与绒座炭角菌*Xylaria filiformis* (Alb. & Schwein.) Fr.是近似种，其主要区别是后者子囊孢子小，11～14 × 5～6 μm，不等边椭圆形，子座柄不分叉(Rogers and Ju 1998a)。

刺柏炭角菌车叶草变种

Xylaria juniperus var. **asperula** Starbäck, Bih. K. Svenska VetenskAkad. Handl., Afd. 3, 27(no. 9): 20, 1901.

子座单根不分叉，圆柱状，顶端有不孕的小尖，有的尖细长，长2～4.5 cm，宽1.5～2 mm；表面黑色，有暗褐色剥离层，可育部分长1～1.8 cm；内部白色，充实；柄或长或短，黑色，有绒毛。子囊壳近球形或者卵圆形，直径500～600 μm。孔口乳突状。子囊圆柱形，八孢，单行排列，有孢子部分95～109 × 8～10 μm，顶环在Melzer试剂中呈蓝色，矩形，长3～4 μm，宽2～3 μm。子囊孢子褐色，不等边椭圆形或者船形，两端窄圆，14～17(～17.5)× 4.5～5.5(～6) μm，芽缝直，斜或者 S 形，比孢子稍短。

生境：生于木头上。

研究标本：江西：宜丰，黄岗山，1936.X，邓祥坤 17060，HMAS 18329；宜丰，黄岗山，1936.X，邓祥坤 20154，HMAS 18791。

世界分布：中国、墨西哥。

裘诺炭角菌　图版 XL

Xylaria juruensis Henn., Hedwigia 43(4): 262, 1904.

Xylosphaera juruensis (Henn.) Dennis, Kew Bull. 13(1): 104, 1958.

子座单根不分叉，圆柱状，顶端有不孕的尖，长 2.5～4 cm，宽 1～1.5 mm；表面黑色，子囊壳有明显突起；内部白色充实；柄黑色，有绒毛，长 2～3 cm, 宽 1～1.5 mm。子囊壳近圆形，直径 400～600 μm。孔口乳突状。子囊圆柱形，八孢，单行排列，有孢子部分 95～109 × 8～10 μm，顶环在 Melzer 试剂中呈蓝色，矩形，长 3～4 μm，宽 2～3 μm。子囊孢子褐色，不等边椭圆形，两端窄圆，16～18(～19.5)× 5～6(～7) μm，芽缝直或者稍斜，比孢子短。

生境：生于棕榈科植物叶子中脉上。

研究标本：海南：霸王岭，海拔 710 m，2010.XI.27，朱一凡 492，HMAS 267421。

世界分布：中国、印度尼西亚、巴西。

讨论：此种与毛鞭炭角菌 *Xylaria xanthinovelutina* (Mont.) Fr.是近似种，其区别是后者子囊孢子小，子座主要生在双子叶植物的落果上；而前者子座只生在单子叶植物叶子上。

皱柄炭角菌　图版 XLI

Xylaria kedahae Lloyd, Mycol. Writ. 6(Letter 62): 910, 1920; Teng, Fungi of China. p. 206, 1963; Tai, Sylloge Fungorum Sinicorum. p. 353, 1979; Zhuang, Higher Fungi of Tropical China. p. 128, 2001.

子座圆柱状，通常变扁，单根或者分叉，顶端圆，长 5.2～11 cm，宽 4～9 mm；表面黑色或者黑褐色，光滑，有明显子囊壳孔口突起，纵向褶皱；内部黑褐色，充实；柄褶皱，黑褐色，无毛，长 2～3.5 cm，宽 2～8 mm，基部有长根。子囊壳椭圆形或者卵圆形，直径 250～700 μm。孔口乳突状。子囊圆柱形，八孢，单行排列，有孢子部分 47～75 × 5～6 μm，顶环在 Melzer 试剂中呈蓝色，矩形，长 2～3 μm，宽 2～2.5 μm。子囊孢子褐色，不等边椭圆形，偶有一端收缩，(7～)8～9(～9.5) × 3～5 μm，芽缝直，与孢子等长。

生境：生于地上。

研究标本：海南：尖峰岭，2007.VII.26，李增平 071055，HMAS 270061；五指山，2008.XI.20，何双辉、朱一凡、郭林 2521，HMAS 220873。云南：景洪，大渡岗，海拔 500 m，黄谷、郭林、李伟 360，HMAS 270062；勐腊，勐仑，中国科学院西双版纳热带植物园，海拔 560 m，2010. IX. 4，曹旸等 10048，HMAS 262493。

世界分布：中国、新加坡。

平滑炭角菌　图版 XLII

Xylaria laevis Lloyd, Mycol. Notes (Cincinnati) 65(no. 5): 8, 1918.

子座单根，圆柱棒状或者棒状，顶端圆钝，长 3.3～5 cm，宽 7～13 mm；表面褐色，光滑，可见小的子囊壳孔口突起；内部白色，后期中空，有柄。子囊壳椭圆形或者近球形，直径 450～620 μm；孔口乳突状。子囊圆柱形，八孢，单行排列，101～112 × 5～6 μm，有孢子部分长 41～54 μm，顶环在 Melzer 试剂中呈蓝色，盘状，高 1～1.8 μm，宽 1.5～2.2 μm。子囊孢子褐色或者暗褐色，纺锤形，两端尖或者窄圆，7.5～9 × 3.5～4 μm；芽缝直，与孢子等长。

生境：生于木头上。

研究标本：贵州：册亨县，龙茅寨，1958.X.14，王庆之 550，HMAS 31081。云南：勐腊，勐仑，中国科学院西双版纳热带植物园，海拔 570 m，2013.X.15，黄谷、郭林、李伟 137，HMAS 269911；勐仑，中国科学院西双版纳热带植物园，海拔 570 m，2013.X.16，黄谷、郭林、李伟 222，HMAS 269912；勐腊，海拔 760 m，2013.X.17，黄谷、郭林、李伟 231，HMAS 270122；勐腊，海拔 760 m，2013.X.17，黄谷、郭林、李伟 233，HMAS 269909；景洪，勐养，海拔 870 m，2013.X.18，黄谷、郭林、李伟 247，HMAS 270689。

世界分布：中国、巴布亚新几内亚、墨西哥。

讨论：此种与古巴炭角菌 *Xylaria cubensis* (Mont.) Fr.是近似种，其主要区别是前者子囊孢子等边纺锤形，芽缝明显；后者子囊孢子为不等边椭圆形，芽缝不明显（Van der Gucht 1995）。

木生炭角菌

Xylaria lignosa Ferd. & Winge, Bot. Tidsskr. 29(1): 18 1908; Teng, Fungi of China. p. 197, 1963; Tai, Sylloge Fungorum Sinicorum. p. 353, 1979; Zhuang, Higher Fungi of Tropical China. p. 128, 2001.

子座单根或者有分枝，圆柱形或者扁平状，顶端尖或者略扁，长 11～20 cm，宽 8～10 mm；表面黑色或带棕褐色，较光滑，有较浅的纵向皱纹；内部赤酱色，充实；柄与子座界限模糊，黑色，光滑，有纵向浅皱纹，基部或有膨大，长 2～3.4 cm，宽 5～6 mm。子囊壳椭圆形，长 430～500 μm，宽 200～320 μm。孔口乳突状。子囊孢子长方椭圆形，浅褐色或者近无色，12～18(～20) × 5.5～7.5 μm。

生境：生于腐木上。

研究标本：海南：尖峰岭，1958. XI. 10，于积厚、邢俊昌 630，HMAS 31690。

世界分布：中国、美国。

枫香炭角菌　图版 XLIII

Xylaria liquidambaris J.D. Rogers, Y.M. Ju & F. San Martín [as '*liquidambar*'], in Rogers, San Martín & Ju, Sydowia 54(1): 92, 2002.

子座单根或者簇生，圆柱状或者圆锥状，不分枝或者稀少分枝，顶端有不孕小尖，长 1.5～6 cm，宽 1～2.2 mm，可育部分长 1～1.8 cm；表面黑色，有纵向条纹，可见子囊壳外观；内部白色，充实；柄光滑或者有绒毛，通常基部稍粗，黑褐色，长 1～4.5 cm，宽 1～3 mm，有毡垫。子囊壳圆形或者近圆形，直径 250～450 μm。孔口乳突状。子囊圆柱形，八孢，单行排列，有孢子部分长 97～120 μm，顶环在 Melzer 试剂中呈蓝色，倒帽形，长 2～3 μm，宽 1～2 μm。子囊孢子浅褐色或者褐色，单胞，不等边椭圆形或者新月形，两端圆钝，(10.5～)12～16 × 4～6.5 μm，芽缝螺旋形。

生境：生于枫香树 *Liquidambar formosana* Hance（金缕梅科 Hamamelidaceae）果实上。

研究标本：江苏：南京，灵谷寺，1931. V. 24，邓叔群 403，HMAS 7187；南京，1932. V，周家炽，HMAS 11031；南京，灵谷寺，1954. X. 29，蒋伯宁 78，HMAS 17548；南京，1954. VII，复旦大学 55 级低植队 308，HMAS 47454；南京，灵谷寺，1957. VIII. 16，邓叔群 4916，HMAS 21444；南京，中山陵，1958. VI. 24，邓叔群 5928，HMAS 21445；宝华山，1936. VII. 20，欧世璜 198，HMAS 7259。浙江：天目山，1953. VII，复旦大学 54 级低植队 309，HMAS 47456；杭州，1958. VI. 21，邓庄 5903，HMAS 21448。安徽：黄山，1954. VII，复旦大学 55 级低植队 310，HMAS 47455。福建：南平，1958. VI. 1，邓叔群 5606，HMAS 21889；南靖，1958. VI. 13，邓庄 5857，HMAS 21446；福州，1958. VI. 5，邓庄 5671，HMAS 21447。广东：始兴，车八岭，海拔 350 m，2010.VI.26，李伟 2620，HMAS 263373；韶关，小坑，1985. IV. 12，李泰辉，HMIGD 8193。广西：隆林，金中山，海拔 1720 m，1957. X. 25，徐连旺 419，HMAS 21890。贵州：册亨，海拔 1300 m，1958. IX. 22，王庆之 399，HMAS 26828；望谟，乐康，海拔 310 m，2009. VII. 1，吴兴亮 7292，HMAS 220875。海南：五指山，海拔 900 m，1960. VIII. 31，于积厚、刘荣 2264，HMAS 29654；尖峰岭，海拔 850 m，1989. IV. 4，李泰辉、陈焕强，HMIGD 15590；采集地不详，1936. VI，邓祥坤 13690，HMAS 18797。

世界分布：中国、韩国、美国。

讨论：Rogers 等(2002)认为，生在果实上的炭角菌有寄主专化性，枫香炭角菌 *Xylaria liquidambaris* 生在枫香树属 *Liquidambar* 植物果实上，子囊孢子芽缝螺旋形；果生炭角菌 *Xylaria carpophila* (Pers.) Fr. 生在水青冈属 *Fagus* 植物果实上，子囊孢子芽缝直，有区别。

朗氏炭角菌

Xylaria longiana Rehm, Annls Mycol. 2(2): 175, 1904.

子座单根，形状多变，圆柱状或者扇形，上部扁，多分叉，长 2～3 cm，宽 1～2 mm，可育部分长 1.5～1.8 cm；表面银灰色或者黑色，有纵向条纹，可见子囊壳孔口；内部白色，充实；柄光滑，纵向褶皱。子囊壳椭圆形或者近圆形，直径 350～450 μm；孔口乳突状。子囊圆柱形，八孢，单行排列，有孢子部分长 67～70 μm，顶环在 Melzer 试剂中呈蓝色，矩形，长 3～4 μm，宽 2.5～3 μm。子囊孢子浅褐色或者褐色，单胞，不等边椭圆形，两端圆钝，偶有一端收缩，(9.5～)10～11(～13) × 4～5(～6) μm，芽缝直，比孢子稍短。

生境：生于腐木上。

研究标本：海南：佳西，2009.VII.21，吴兴亮 09072169，HMAS 270172。

世界分布：中国、美国。

讨论：此种与 *Xylaria hypoxylon* (L.) Grev.是近似种，其区别是后者子囊孢子稍大，11～14 × 5～6 μm。

长柄炭角菌　图版 XLIV

Xylaria longipes Nitschke, Pyrenomycetes Germanici 1: 14, 1867; Teng, Fungi of China. p. 200, 1963; Tai, Sylloge Fungorum Sinicorum. p. 353, 1979; Mao, The Macrofungi in China. p. 573, 2000; Zhuang, Higher Fungi of Tropical China. p. 128, 2001.

Xylosphaera longipes (Nitschke) Dennis, Kew Bull. 13(1): 104, 1958.

子座单生或者簇生，单根或者顶部有掌状分枝，圆柱形或者扁平状，顶端钝，偶尔凹陷，长 2.4～4.2 cm，宽 0.7～2.7 cm；表面灰黑色，有疣状凸起，孔口肉眼可见；内部黄褐色或者白色，充实；柄黑褐色，表面有棕褐色毯状覆盖物，长 1.8～2.4 cm，宽 3～6 mm。子囊壳圆柱形、近圆形或者近椭圆形，长 550～820 μm，宽 310～740 μm。孔口乳突状或者半球形。子囊圆柱形，八孢，单行排列，有孢子部分长 100～110 μm，顶环在 Melzer 试剂中呈蓝色，矩形或者正方形，长 2～4 μm，宽 2～2.7 μm。子囊孢子浅褐色或者褐色，单胞，不等边椭圆形，两端圆钝，15～18(～20) × (2～)5 μm，芽缝直，与孢子等长。

生境：生于木头上。

研究标本：江西，1936. X，邓祥坤 19613，HMAS 18813。

世界分布：中国、丹麦、英国、乌干达、美国、哥伦比亚、委内瑞拉、巴西。

橙黄炭角菌　图版 XLV

Xylaria luteostromata Lloyd, Mycol. Notes (Cincinnati) 5: 31, 1919.

子座单根，偶分叉，圆柱形，偶不规则形，顶端圆钝，长 2～5 cm，宽 2～4(～20) mm，可育部分长 1.8～5 cm；表面黑褐色或者黑色，有细小裂纹，可见子囊壳孔口突起；在子囊壳表层下有一层橙黄色，中心白色，充实；柄短，光滑；子囊壳近球形或者椭圆形，直径 420～500 μm，孔口乳突状。子囊圆柱形，八孢，单行排列，115～135 × 6～7 μm，有孢子部分长 40～67 μm，顶环在 Melzer 试剂中呈蓝色，扁矩形或者楔形，长 1～1.5 μm，宽 1.5～2 μm。子囊孢子褐色，不等边椭圆形，9～10 × 4～5 μm；芽缝直，与孢子等长。

生境：生于腐木上。

研究标本：海南：七仙岭，海拔 700 m，2007. XI. 27，何双辉、李振英、郭林 3010b，HMAS 269889。

世界分布：中国、菲律宾、印度尼西亚、科特迪瓦、巴布亚新几内亚、美国、墨西哥。

讨论：此种的主要特征是在子囊壳表层下有一层橙黄色，Rogers 等(1987)认为此种与黄心炭角菌 *Xylaria feejeensis* (Berk.) Fr.、短柄炭角菌 *Xylaria castorea* Berk.和 *Xylaria curta* Fr.是近似种。

茂盛炭角菌　图版 XLVI

Xylaria luxurians (Rehm) Lloyd, Mycol. Notes (Cincinnati) 5 (*Xylaria* Notes 2): 29, 1918.

Xylaria carpophila var. *luxurians* Rehm, Hedwigia 40: 147, 1901.

Xylosphaera luxurians (Rehm) Dennis, Kew Bull. 13(1): 104, 1958.

子座单根或者分叉，圆柱形或者卵形，顶端圆或者渐尖，长 6～7 cm，宽 2～3 mm，可育部分长 8～11 mm；表面黑色，可见明显子囊壳突起，呈乳头状；内部白色，充实；柄长，黑色，光滑，扭曲；子囊壳椭圆形或者近球形，直径 500～780 μm。孔口乳突状。子囊圆柱形，八孢，单行排列，267～276 × 10～12 μm，有孢子部分长 127～136 μm，顶环在 Melzer 试剂中呈蓝色，瓮形，长 9～12 μm，宽 6～7 μm。子囊孢子褐色，不等边椭圆形，一端渐细，20～24 × 6～9 μm；芽缝斜，比孢子短很多。

生境：生于树皮上。

研究标本：香港：城门水塘，海拔 200 m，1998.VII.22，庄文颖 2461，HMAS 75534。

世界分布：中国、特立尼达和多巴哥、巴西、阿根廷。

梅氏炭角菌 图版 XLVII

Xylaria mellissii (Berk.) Cooke, Grevillea 11(no. 59): 85 1883 (as '*mellisii*').

Hypoxylon mellissii Berk., in Melliss & St. Helena, A Physical, Historical and Topographical Description of the Island, including the Geology, Fauna, Flora and Meteorology. p. 379, 1875.

Xylosphaera mellissii (Berk.) Dennis, Kew Bull. 13(1): 104, 1958.

Xylaria biceps Speg., Anales Soc. Ci. Argent. 12:110, 1881; Teng, Fungi of China. p. 203, 1963; Tai, Sylloge Fungorum Sinicorum. p. 350, 1979.

子座单根或者分叉，圆柱形，顶端有不孕小尖，长 0.8～3.5 cm，宽 1.2～2.5 mm；表面黑褐色，有剥离层，子囊壳内部白色，充实；柄黑色，光滑或者有绒毛；子囊壳椭圆形或者近圆形，直径 450～800 μm。孔口乳突状。子囊圆柱形，八孢，单行排列，129～171 × 7～8 μm，有孢子部分长 60～91 μm，顶环在 Melzer 试剂中呈蓝色，倒帽形，长 3～4 μm，宽 2～3 μm。子囊孢子褐色，不等边椭圆形，两端圆钝，11～15(～17) × 4～6 μm；芽缝直，比孢子短。

生境：生于木头上。

研究标本：福建：南靖，1958. VI. 12，邓叔群 5795，HMAS 23287。广东：始兴，车八岭，海拔 400 m，2010.VI.26，李伟 2561，HMAS 267653。广西：猫儿山，海拔 500 m，2011.VIII.20，李伟 1352，HMAS 270679。海南：霸王岭，南叉河，海拔 600 m，2011.IV.14，郭林 11576，HMAS 267657；霸王岭，雅加，海拔 740 m，2009.XII.12，朱一凡、郭林 139，HMAS 252525；霸王岭，王下，海拔 449 m，2009.XII.10，朱一凡、郭林 104，HMAS 267658；临高，多文岭，海拔 350 m，2010.XII.5，郭林、马建 11549，HMAS 252524；定安，新竹，海拔 250 m，2010.XII.2，郭林 11538，HMAS 267656；昌江，保梅岭，海拔 330 m，2009.XII.9，朱一凡、郭林 92，HMAS 253254；霸王岭，南叉河，海拔 603 m，2009.XII.11，朱一凡、郭林 121，HMAS 267500；兴隆植物园，海拔 36 m，2011.IV.9，郭林 11572，HMAS 267501；海口，海拔 50 m，2011.IV. 15，郭林 11664，HMAS 270680；海口，海拔 50 m，2010. XII. 9，郭林 11568，HMAS 251207；屯昌，海拔 110 m，2010. XI. 23，朱一凡 406，HMAS 263366；霸王岭，海拔 710 m，

2010. XI. 27，朱一凡 500，HMAS 242445。贵州：茂兰自然保护区，海拔 550 m，2013.IX.12，黄谷、郭林、李伟 24，HMAS 269994；茂兰自然保护区，海拔 550 m，2013.IX.12，黄谷、郭林、李伟 25，HMAS 270001；茂兰自然保护区，海拔 500 m，2013. IX. 12，黄谷、郭林、李伟 30，HMAS 270047；茂兰自然保护区，海拔 550 m，2013. IX. 12，黄谷、郭林、李伟 31，HMAS 270016。云南：勐腊，勐仑，中国科学院西双版纳热带植物园，海拔 570 m，2013.X.15，黄谷、郭林、李伟 115，HMAS 269960；景洪，勐养，海拔 850 m，2013.X.18，黄谷、郭林、李伟 296b，HMAS 270690；景洪，海拔 560 m，2013.X.21，黄谷、郭林、李伟 397，HMAS 253070；景洪，关坪，海拔 870 m，2013.X.18，黄谷、郭林、李伟 272，HMAS 270166；勐海，海拔 1000 m，2013.X.19，黄谷、郭林、李伟 332，HMAS 270677。

世界分布：中国、马来西亚、菲律宾、印度尼西亚、印度、德国、英国、法国、意大利、塞拉利昂、加纳、多哥、肯尼亚、乌干达、南非、新西兰、巴布亚新几内亚、美国、墨西哥、委内瑞拉、巴西、阿根廷。

丛炭角菌 图版 XLVIII

Xylaria multiplex (Kunze) Fr., Nova Acta R. Soc. Scient. Upsal., Ser. 3, 1: 127, 1851.

Sphaeria multiplex Kunze, Linnaea 5: 536, 1830.

Hypoxylon multiplex (Kunze) Mont., Ann. Sci. Nat. Bot. Sér. 2, 13: 349, 1840.

Xylosphaera multiplex (Kunze) Dennis, Kew Bull. 13(1): 105, 1958.

Xylaria caespitulosa Ces., Atti Accad. Sci. Fis. Mat. Napoli 8(8): 15, 1879; Teng, Fungi of China. p. 207, 1963; Tai, Sylloge Fungorum Sinicorum. p. 351, 1979; Zhuang, Higher Fungi of Tropical China. p. 126 , 2001.

子座通常簇生，分叉或者不分叉，圆柱形，顶端通常有不孕小尖或者稍圆，长 1～3(～6) cm，宽 0.5～2.5 mm；表面有剥离层，子囊壳稍突起，可见点状孔口，黑褐色；柄黑褐色，通常有绒毛；内部白色，后期中空；子囊壳近圆形或者椭圆形，直径 300～600 μm；孔口乳突状。子囊圆柱形，八孢，单行排列，97～139 × 6～8 μm，有孢子部分长 55～88 μm；顶环在 Melzer 试剂中呈蓝色，倒帽形，长 1.5～2.5 μm，宽 1～2 μm；子囊孢子褐色，不等边椭圆形，两端窄圆，9.5～12(～13) ×(3.5～)4～5 μm，芽缝直，几乎与孢子等长。

生境：生于腐木上。

研究标本：吉林：长白山，黄松蒲，2011.VIII.8，何双辉 2011881，HMAS 269999。海南：定安，1934. IX，邓祥坤 4056，HMAS 9660；陵水，1934.IV.3，邓祥坤 1935，HMAS 7254；霸王岭，海拔 640 m，2010.XI.27，朱一凡 503，HMAS 251210；霸王岭，海拔 640 m，2010. XI. 27，朱一凡 528，HMAS 267420；霸王岭，海拔 640 m，2010. XI. 27，朱一凡 504，HMAS 253068；霸王岭，海拔 640 m，2010. XI. 27，朱一凡 505，HMAS 253069；霸王岭，海拔 1080 m，2010. XI. 25，朱一凡 453，HMAS 269997。云南：景洪，嘎洒镇，海拔 860 m，2010.IX.5，曹旸等 10075，HMAS 262525；景洪，勐养，1957.III.29，徐连旺、王庆之 266，HMAS 21443。

世界分布：中国、印度、塞拉利昂、加纳、乌干达、刚果、南非、巴布亚新几内亚、汤加、墨西哥、巴拿马、格林纳达、哥伦比亚、委内瑞拉、法属圭亚那、巴西、玻利维亚、巴拉圭。

黑炭角菌

Xylaria nigrescens (Sacc.) Lloyd, Xylaria Notes 1, Mycol. Writ. 5:8, 1918; Teng, Fungi of China. p. 197, 1963; Tai, Sylloge Fungorum Sinicorum. p. 353, 1979; Mao, The Macrofungi in China. p. 573, 2000; Zhuang, Higher Fungi of Tropical China. p. 128, 2001.

Xylaria involuta var. *nigrescens* Sacc., Annls Mycol. 4(1): 75, 1906.

子座单根或者有分叉，圆柱形、卵圆形或者棒状，顶端圆钝，长 2.5～6.5 cm，宽 0.5～3.2 cm；表面黑色，有细小鳞片，有褶皱，可见子囊壳孔口，后期纵向裂开；内部白色，中空；可育部分长 1.4～4 cm。柄黑褐色，光滑或者有毛，有褶皱。子囊壳近球形，直径 600～800 μm。孔口乳突状。子囊圆柱形，八孢，单行排列，有孢子部分 176～189 × 10～11 μm，顶环在 Melzer 试剂中呈蓝色，矩形，长 5～7 μm，宽 4.5～6 μm。子囊孢子浅褐色或者褐色，不等边椭圆形，两端圆钝，20～23.5 × 6.5～7.5(～10) μm，芽缝斜或者直，比孢子短得多。

生境：生于腐木上。

研究标本：广西：隆林，金钟山，海拔 1700 m，1957.XI，徐连旺 1495，HMAS 21893；隆林，金钟山，海拔 1690 m，1957. X.19，徐连旺 84，HMAS 27797；凌乐，老山，海拔 1500 m，1957.XII.18，徐连旺 549，HMAS 27799。云南：思茅，海拔 900 m，1957.IV.5，徐连旺，王庆之 456，HMAS 21451。

世界分布：中国、墨西哥。

黑柄炭角菌 图版 XLIX

Xylaria nigripes (Klotzsch) Cooke, Grevillea 11: 89, 1883; Teng, Fungi of China. p. 205, 1963; Tai, Sylloge Fungorum Sinicorum. p. 353, 1979; Bi et al., Macrofungus Flora of Guangdong Province. p. 24, 1994; Mao, The Macrofungi in China. p. 573, 2000; Zhuang, Higher Fungi of Tropical China. p. 128, 2001.

Sphaeria nigripes Klotzsch, Linnaea 7: 203, 1832.

Xylosphaera nigripes (Klotzsch) Dennis, Kew Bull. 13: 105, 1958.

Pseudoxylaria nigripes (Klotzsch) Boedijn, Persoonia 1(1): 18, 1959.

Podosordaria nigripes (Klotzsch) P.M.D. Martin, Jl S. Afr. Bot. 42(1): 80, 1976.

子座单根或者基部分叉，圆柱形，顶端圆钝或者有不孕小尖，长 3.2～20 cm，宽 2～10 mm，可育部分长 2.5～10 cm，表面初期土黄色，光滑，后期黑色，有纵向皱纹；内部黑色，充实；柄根状，黑色，圆柱形或扁平，扭曲，表面有纵向皱纹，长 1.5～15 cm，宽 1.5～8 mm。子囊壳近椭圆形或者近圆柱形，直径 200～800 μm，孔口乳突状。子囊圆柱形，八孢，单行排列，60～70 × 3～4 μm，有孢子部分长 23～33 μm，顶环在 Melzer 试剂中呈蓝色，矩形或者正方形，长 1～2 μm，宽 1～1.5 μm。子囊孢子褐色，单胞，不等边椭圆形，两端圆钝，(3.5～)4～5 × 2～3 μm，芽缝直，与孢子等长。

生境：生于废弃的白蚁巢上。

研究标本：浙江：2009.IX.2，HMAS 267423；杭州，1983. VIII，陈宛如，HMAS 44225，HMAS 45148，HMAS 45149。福建：福州，1958. VI. 5，邓叔群 5680，HMAS 21891；三明，洋山，1974. VII，姜广正、卯晓岚、马启明 487，HMAS 267167。江西：浮梁，1935. V. 15，邓祥坤 9460，HMAS 7189；武宁，1936. VIII，邓祥坤 16669，HMAS 18471；武宁，1936. VIII，邓祥坤 16121，HMAS 18472。海南：黎母山，海拔 800 m，1960.VI.27，于积厚、刘荣 1637b，HMAS 270185。四川：峨眉山，2004.VIII.5，邓晖 517，HMAS 86616；冕宁，复兴镇，海拔 1000 m，2009.VII，文华安等，HMAS 262338。云南：勐腊，勐仑，中国科学院西双版纳热带植物园，海拔 570 m，2013. X. 16，黄谷、郭林、李伟 198，HMAS 253020；景洪，关坪，海拔 870 m，2013. X. 18，黄谷、郭林、李伟 243，HMAS 269979。台湾：新竹，叁山，海拔 300 m，2012.IX.14，郭林、冯邦 11629，HMAS 267041。

世界分布：中国、菲律宾、印度尼西亚、印度、斯里兰卡、塞拉利昂、埃塞俄比亚、南非。

讨论：在中国，黑柄炭角菌 *Xylaria nigripes* 的地下菌核被称为乌灵参、鸡枞蛋，具有除湿、镇静安神、造血以及提高机体免疫能力等功效(朱志熊等 2005)。

卵形炭角菌　图版 L

Xylaria obovata (Berk.) Fr., Nova Acta R. Soc. Scient. Upsal., Ser. 3, 1: 127, 1851.

Sphaeria obovata Berk., Ann. Mag. Nat. Hist., Ser. 1, 3: 397, 1839.

Coelorhopalon obovatum (Berk.) Overeem, Icon. Fung. Malay. 11: 1, 1925.

Penzigia obovata (Berk.) Speg., Boln Acad. nac. Cienc. Córdoba 11(4): 510, 1889.

Xylosphaera obovata (Berk.) Dennis, Kew Bull. 14(3): 448, 1960.

子座单个，近球形、倒卵圆形或者卵圆棒状，顶端圆，高 1～5 cm，宽 0.6～2 cm；表面黑褐色或者黑色，光滑，后期网状开裂呈细小鳞片状，内部白色，后期中空，可见子囊壳孔口；柄黑褐色，或短或长。子囊壳椭圆形或者卵圆形，长 680～700 μm，宽 350～560 μm；孔口乳突状。子囊圆柱形，八孢，通常单行排列，170～200 × 10～15 μm，有孢子部分长 110～115 μm，顶环在 Melzer 试剂中呈蓝色，帽形，高 5～10 μm，宽 4～6 μm。子囊孢子褐色，不等边椭圆形或者船形，两端窄圆，21～28 × 5～10 μm；芽缝斜，比孢子短，约 1/2 长。

生境：生于腐木上。

研究标本：福建：南靖，海拔 700 m，1960. X. 17，王庆之等 932，HMAS 31215。广东：封开，1997，卯晓岚，HMAS 78444。广西：金秀，圣堂湖，海拔 250 m，2011.VIII.25，李伟 1456，HMAS 269998；金秀，圣堂湖，海拔 250 m，2011.VIII.25，李伟 1454，HMAS 270059；圣堂湖，海拔 250 m，2011.VIII.25，李伟 1452，HMAS 270060。海南：尖峰岭，海拔 900 m，2009. XII. 17，朱一凡、何双辉、郭林 148，HMAS 263367；吊罗山，海拔 400 m，1958.VII.5，于积厚等 382，HMAS 27798。

世界分布：中国、波多黎各、巴西。

讨论：此种与斯氏炭角菌 *Xylaria schweinitzii* Berk. & M.A. Curtis 是近似种，其主要区别是前者子座表面无褶皱，后者子座表面多褶皱。

鲜亮炭角菌　图版 LI

Xylaria phosphorea Berk., J. Linn. Soc., Bot. 13: 177, 1872 [1873].

Xylosphaera phosphorea (Berk.) Dennis, Kew Bull. 13(1): 105, 1958.

子座单根或者分枝，圆柱形或者梭形，顶端有不孕小尖，长 0.9～2.2 cm，宽 1.5～3 mm；表面橙褐色，具有明显子囊壳突起，呈乳头状，子囊壳孔口黑色；内部浅黄色，充实；柄橙褐色，有纵向褶皱，无毛。子囊壳椭圆形或者近球形，直径 390～550 μm；孔口乳突状。子囊圆柱形，八孢，单行排列，有孢子部分长 61～81 μm，顶环在 Melzer 试剂中呈蓝色，矩形，长 1～1.2 μm，宽 2～2.5 μm。子囊孢子红褐色，单胞，不等边梭形，(10～)11～15 × 4～5(～6) μm，芽缝直，几乎与孢子等长。

生境：生于腐木上。

研究标本：四川：峨眉山，海拔 850 m，1960.VII.21，王春明、韩玉先、马启明 493，HMAS 269890。

世界分布：中国、印度、斯里兰卡、澳大利亚、墨西哥、古巴、委内瑞拉。

讨论：此种的主要特征是子座表面橙褐色，具有明显子囊壳突起，子囊壳孔口黑色。子囊孢子红褐色，不等边梭形(Krisai-Greilhuber and Jaklitsch 2008)。

胡椒形炭角菌　图版 LII

Xylaria piperiformis Berk., Hooker's J. Bot. Kew Gard. Misc. 6: 225, 1854.

子座单根或者有分叉，圆柱形或者梭形，顶端有不孕长尖，长 4.5～9 cm，宽 2～5 mm；表面红褐色至黑色，粗糙；内部白色至奶油色，充实；柄或长或短，光滑。子囊壳圆柱形、椭圆形或近圆形，长 520～750 μm，宽 360～680 μm。孔口乳突状。子囊圆柱形，八孢，单行排列，85～92 × 3～4 μm，有孢子部分长 40～45 μm，顶环在 Melzer 试剂中呈蓝色，矩形，长 1.5～2 μm，宽 1～1.8 μm。子囊孢子褐色或者黑褐色，单胞，不等边椭圆形，两端圆钝，5～6 × 3～4 μm，芽缝直，几乎与孢子等长。

生境：生于地上。

研究标本：海南：黎母山，海拔 800 m，1960.VI.27，于积厚、刘荣 1637a，HMAS 31939。

世界分布：中国、印度。

讨论：此种与黑柄炭角菌 *Xylaria nigripes* 的主要区别是后者子座顶端圆钝，内部黑色，子囊孢子稍小，(3.5～)4～5 × 2～3 μm。

皱纹炭角菌　图版 LIII

Xylaria plebeja Ces., Atti Accad. Sci. Fis. Mat. Napoli 8(8): 16, 1879; Teng, Fungi of China. p. 201, 1963; Tai, Sylloge Fungorum Sinicorum. p. 354, 1979; Bi et al., Macrofungus Flora of Guangdong Province. p. 32, 1994; Zhuang, Higher Fungi of Tropical China. p. 128, 2001.

Xylaria feejeensis subsp. *plebeja* (Ces.) D. Hawksw., Trans. Br. Mycol. Soc. 61(1): 199, 1973.

Xylosphaera feejeensis subsp. *plebeja* (Ces.) Dennis, Bull. Jard. Bot. État Brux. 31: 138, 1961.

子座单根，梭形，通常扁，长 1.8～3.4 cm，宽 5～7 mm；表面黑色，褶皱，有细小裂纹；内部白色，充实；柄短或者无。子囊壳椭圆形或者近球形，直径 650～900 μm；孔口乳突状。子囊圆柱形，八孢，单行排列，133～143 × 5～6 μm，有孢子部分长 65～73 μm，顶环在 Melzer 试剂中呈蓝色，矩形，长 1.5～3 μm，宽 1～2.5 μm。子囊孢子褐色，单胞，不等边椭圆形，两端圆，9～11.5 × 4～5 μm，芽缝直，与孢子等长。

生境：生于木头上。

研究标本：广西：大瑶山，海拔 900 m，2011.VII.23，李伟 1389，HMAS 270687。云南：勐腊，勐仑，中国科学院西双版纳热带植物园，海拔 560 m，2010.IX.4，曹旸等 10059，HMAS 262472。

世界分布：中国、马来西亚、印度尼西亚、塞拉利昂。

多形炭角菌　图版 LIV

Xylaria polymorpha (Pers.) Grev., Fl. Edin. p. 355, 1824; Teng, Fungi of China. p. 197, 1963; Tai, Sylloge Fungorum Sinicorum. p. 354, 1979; Bi et al., Macrofungus Flora of Guangdong Province. p. 26, 1994; Mao, The Macrofungi in China. p. 574, 2000; Zhuang, Higher Fungi of Tropical China. p. 128, 2001.

Sphaeria polymorpha Pers., Comm. Fung. Clav. (Lipsiae): 17, 1797.

Xylosphaera polymorpha (Pers.) Dumort., Comment. Bot. (Tournay): 92, 1822.

Hypoxylon polymorphum (Pers.) Mont., Ann. Sci. Nat. Bot. Sér. 2, 13: 349, 1840.

Xylaria corrugata Har. & Pat., J. Bot., Paris: 13, 1903.

Xylaria rugosa Sacc., Annls Mycol. 4(1): 74, 1906.

子座单根或者分叉，通常为棒形或者圆柱形，顶端圆钝，长(1.6～)5～8.3 cm，宽 0.8～1.8 cm；表面黑色或者黑褐色，褶皱；内部白色，充实；柄黑色，圆柱状，长 3～27 mm, 宽 2～12 mm。子囊壳近椭圆形或者近圆形，直径 400～860 μm。孔口乳突状。子囊圆柱形，八孢，单行排列，有孢子部分长 130～160 μm，顶环在 Melzer 试剂中呈蓝色，矩形，长 4.5～7 μm，宽 4～6 μm。子囊孢子褐色或者浅褐色，不等边椭圆形，两端圆或者渐尖，偶有收缩，20～28(～30) × 7～10 μm，芽缝直或者斜，孢子的 1/3 或者 1/2 长。

生境：生于腐木上。

研究标本：北京：房山，1985.IX.12，文华安、李宇，HMAS 51043。安徽：琅琊山，1961.IX.6，刘锡琎，HMAS 32730。西藏：墨脱，海拔 1000 m，1983.VIII.11，卯晓岚 1202，HMAS 53258。甘肃：徽县，麻沿，1992.X.23，田茂林 524，HMAS 61709；徽县，麻沿，1992.X.23，田茂林 522，HMAS 63021。

世界分布：中国、日本、菲律宾、印度尼西亚、印度、瑞典、俄罗斯、波兰、德国、奥地利、比利时、英国、法国、意大利、塞拉利昂、加纳、尼日利亚、喀麦隆、乌干达、坦桑尼亚、南非、新喀里多尼亚、美国、哥伦比亚、委内瑞拉、圭亚那、玻利维亚、智利。

滨海炭角菌　图版 LV

Xylaria primorskensis Y.M. Ju, H.M. Hsieh, Lar. N. Vassiljeva & Akulov, Mycologia

101(4): 549, 2009.

子座单生，不分叉，棒状或者圆柱状，顶端圆钝，长 2.9～7.6 cm，宽 4～7.5 mm；表面褐色，有网状裂纹，有皱褶；内部白色，充实；柄黑褐色，通常肥大，长 5～10 mm，宽 2～5 mm。子囊壳椭圆形或者近圆形，直径 350～500 μm；孔口乳突状。子囊圆柱形，八孢，单行排列，有孢子部分 50～55 × 8.5～10 μm，顶环在 Melzer 试剂中呈蓝色，倒帽形，长 2～3 μm，宽 2.2～2.5 μm。子囊孢子褐色，不等边椭圆形，两端圆钝，9.5～11(～12) × 4～5 μm，芽缝直，与孢子等长。

生境：生于腐木上。

研究标本：吉林：长白山，2008.VIII.2，周茂新等 08031，HMAS 187204；安图，海拔 760 m，2009. VIII. 12，孙翔、郑勇、李国杰，HMAS 263370；长白山，黄松蒲，2011. VIII. 8，何双辉 2011882，HMAS 267655；胶河，2002.VIII.7，文华安等，HMAS 89017。黑龙江：凉水自然保护区，1963.VIII.27，邓叔群 6735，HMAS 35745。

世界分布：中国、瑞典、俄罗斯、美国、阿根廷。

竿状炭角菌　图版 LVI

Xylaria rhopaloides (Kunze) Mont., Ann. Sci. Nat. Bot. Sér. 4, 3: 99, 1855; Teng, Fungi of China. p. 201, 1963; Tai, Sylloge Fungorum Sinicorum. p. 354, 1979; Zhuang, Higher Fungi of Tropical China. p. 128, 2001.

Sphaeria rhopaloides Kunze, in Montagne, Ann. Sci. Nat. Bot. Sér. 2, 13: no. 27, 1840.

子座单根，罕基部分枝，圆柱形，呈扁平状，顶端圆钝，长 4～6.5 cm，宽 2.5～6 mm；表面黑色，有纵向裂纹；内部近白色，充实；柄暗褐色，多扁平状，有纵向皱纹，长 2～25 mm, 宽 1～2.5 mm。子囊壳卵圆形、椭圆形或者近圆形，直径 400～740 μm。孔口乳突状。子囊圆柱形，八孢，单行排列，有孢子部分 67～86 × 5.5～6 μm，顶环在 Melzer 试剂中呈蓝色，倒帽形，长 2～3 μm，宽 1.5～2 μm。子囊孢子褐色，单胞，不等边椭圆形，两端圆钝，8～11(～12)× 4～5 μm，芽缝直，近孢子长。

生境：生于腐木上。

研究标本：广西：隆林，金钟山，海拔 1720 m，1957.X.26，徐连旺 457，HMAS 27868。

世界分布：中国、南非、巴西。

薛华克氏炭角菌　图版 LVII

Xylaria schwackei Henn., Fungi Goyaz: 108, 1895.

Xylosphaera schwackei (Henn.) Dennis, Kew Bull. 13(1): 106, 1958.

子座单个，圆柱形，顶端有不孕小尖，高 2～5 cm，宽 1～1.5 mm，可育部分长 1～2 cm；表面黑褐色，子囊壳明显突出；内部白色，充实；柄黑褐色，有毛。子囊壳椭圆形或者卵圆形，直径 550～800 μm；孔口脐状。子囊圆柱形，八孢，单行排列，有孢子部分 145～171 × 10～11 μm，顶环在 Melzer 试剂中呈蓝色，倒帽形，高 2.5～3.5 μm，宽 2～2.5 μm。子囊孢子褐色，单胞，不等边椭圆形，两端窄圆，(10.5～)11～13(～14.5) × 4.5～6 μm；芽缝直，与孢子等长。

生境：生于腐木上。

研究标本：云南：景洪，海拔 500 m，1999.X.16，庄文颖、余知和 3061，HMAS 77950。

世界分布：中国、巴西。

斯氏炭角菌 图版 LVIII

Xylaria schweinitzii Berk. & M.A. Curtis, J. Acad. Nat. Sci. Philad., N.S. 2: 284, 1853.

Xylaria rugosa Sacc., Ann. Mycol. 4: 74, 1906.

子座通常单个，圆柱形、圆柱-棒状、卵圆形或者不规则形，顶端圆，高 1.5～8 cm，宽 0.5～1.5 cm；表面黑褐色，呈细小鳞片状，有褶皱，内部白色，充实；可见黑色孔口；柄黑褐色，圆柱形，长 0.2～1 cm，宽 1.5～2 mm。子囊壳椭圆形或者卵圆形，直径 550～800 μm；孔口乳突状。子囊圆柱形，八孢，通常单行排列，有孢子部分 145～175 × 10～11 μm，顶环在 Melzer 试剂中呈蓝色，瓮形，长 7～8 μm，宽 4～6 μm。子囊孢子褐色，单胞，不等边椭圆形或者船形，两端窄圆或者一端尖，21.5～28(～30) × 6～9 μm，芽缝斜，比孢子短，约 1/2 长。

生境：生于腐木上。

研究标本：广东：封开，黑石顶自然保护区，海拔 500 m，2010.VII.2，李伟 2718，HMAS 263372。广西：隆林，金钟山，海拔 1700 m，1957.X.21，徐连旺 207，HMAS 27810；大瑶山，海拔 800 m，2011.VIII.23，李伟 1373，HMAS 270039；大瑶山，海拔 950 m，2011. VIII. 23，李伟 1388，HMAS 270037；金秀，莲花山，海拔 900 m，2011.VIII.24，李伟 1416，HMAS 270036；大瑶山，海拔 800 m，2011.VIII.23，李伟 1375，HMAS 270038；南宁，大明山，海拔 700 m，2011.VIII.29，李伟 2524，HMAS 270174。海南：吊罗山，1958.X.5，于积厚等 383c，HMAS 270685。云南：元阳，1973.IX.19，张启泰 97，HMAS 39753；勐腊，勐仑，中国科学院西双版纳热带植物园，海拔 550 m，2013.X.14，黄谷、郭林、李伟 59，HMAS 269992。西藏：墨脱，加热萨，海拔 1900 m，1982.IX.9，卯晓岚 359，HMAS 50964；墨脱，卡布，海拔 1100 m，1983.VIII.14，卯晓岚 1226，HMAS 53259。台湾：南投，溪头，海拔 1200 m，2012. IX. 17，郭林 11655，HMAS 265124。

世界分布：中国、巴布亚新几内亚、美国、哥伦比亚、委内瑞拉、巴西。

细枝炭角菌

Xylaria scopiformis Mont. ex Berk. & Broome [as '*scopaeformis*'], J. Linn. Soc., Bot. 14(no. 74): 119, 1873 [1875].

Xylaria scopiformis Mont., Ann. Sci. Nat. Bot. Sér. 2, 13: 349, 1840 [nom. inval., Art. 32.1(c) (Melbourne)]; Teng, Fungi of China. p. 204, 1963; Tai, Sylloge Fungorum Sinicorum. p. 354, 1979; Bi et al., Macrofungus Flora of Guangdong Province. p. 27, 1994; Zhuang, Higher Fungi of Tropical China. p. 128, 2001.

Xylaria scopiformis (Mont. ex P. Joly) T. Schumach., Nordic J. Bot. 2(3): 259, 1982 (nom. illegit., Art. 53.1).

子座单根或者基部连生，圆柱形，长 2～3 cm，宽 1～2 mm，表面黑色，有凹陷，可见圆形结节，顶端有不孕小尖；柄黑色，有细绒毛，长 5～10 mm，宽 1～2 mm；内部白色，充实。子囊壳椭圆形或者近圆形，直径 350～550 μm；孔口乳突状。子囊圆柱形，八孢，单行排列，有孢子部分 65～75 × 5～7 μm，顶环在 Melzer 试剂中呈蓝色，矩形，长 2～2.5 μm，宽 1.8～2 μm。子囊孢子单行排列，褐色或深褐色，单胞，不等边椭圆形，两端圆钝，9～12 × 4～5 μm，芽缝直，与孢子等长。

生境：生于腐木上。

研究标本：江西：黄岗山，1936. X，邓祥坤 17260，HMAS 18798；黄岗山，1936. X，邓祥坤 17383，HMAS 18799；黄岗山，1936. X，邓祥坤 19616，HMAS 18800；黄岗山，1936. X，邓祥坤 19665，HMAS 18801；黄岗山，1936. X，邓祥坤 20161，HMAS 18802。广西：隆林，1957. X. 31，徐连旺 649，HMAS 21961；田林，1957. XI. 27，徐连旺 159，HMAS 31219。海南：三亚，1934. VI. 8，邓祥坤 2937，HMAS 17549；霸王岭，1958. XI. 20，于积厚、邢俊昌 733，HMAS 26836；吊罗山，1958. X. 4，于积厚、邢俊昌 363，HMAS 26837；吊罗山，1958. IX. 30，郑儒永、于积厚 352，HMAS 27769；吊罗山，1958. IX. 28，郑儒永 268，HMAS 27813；吊罗山，1958. IX. 26，郑儒永 237，HMAS 27814。云南：1938. VIII. 17，Wang Qiengha，HMAS 18806；1957. IV. 10，徐连旺、王庆之 605，HMAS 20102；1957. IV. 9，徐连旺、王庆之 565，HMAS 20103；丽江，1964. XII. 18，陈庆涛 39，HMAS 35861。西藏：波密，古乡，海拔 2510 m，李伟 1698，HMAS 265712。

世界分布：中国、泰国、加纳、墨西哥、巴拿马。

皱皮炭角菌

Xylaria scruposa (Fr.) Berk., Nova Acta R. Soc. Scient. Upsal., Ser. 3, 1: 127, 1851; Teng, Fungi of China. p. 199, 1963; Tai, Sylloge Fungorum Sinicorum. p. 354, 1979; Bi et al., Macrofungus Flora of Guangdong Province. p. 26, 1994; Zhuang, Higher Fungi of Tropical China. p. 128, 2001.

Sphaeria scruposa Fr., Elench. Fung. (Greifswald) 2: 55, 1828.

Hypoxylon scruposum (Fr.) Mont., in Sagra, Historia física, polirica y nayturál de la islea de Cuba 9: 350, 1845.

Xylosphaera scruposa (Fr.) Dennis, Kew Bull. 13(1): 106, 1958.

子座单根，圆柱形或者圆柱-棒状，顶端圆，长 2～3.5 cm，宽 3～5 mm；表面黑褐色或者黑色，有细小裂纹，可见子囊壳孔口；内部浅黄色，充实；柄或长或短，黑色，有绒毛。子囊壳椭圆形或者近圆形，直径 450～600 μm，孔口乳突状。子囊圆柱形，八孢，单行排列，153～184 × 8～8.5 μm，有孢子部分长 108～116 μm，顶环在 Melzer 试剂中呈蓝色，瓮形，长 5～6 μm，宽 3～4.5 μm。子囊孢子褐色或者暗褐色，不等边椭圆形，两端圆钝或者收缩，16～22 × 6～7 μm，芽缝斜或者螺旋形，1/2～2/3 孢子长。

生境：生于木头上。

研究标本：云南：思茅，海拔 1000 m，1957.IV.8，徐连旺、王庆之，HMAS 31220；勐腊，勐仑，中国科学院西双版纳热带植物园，2003.VIII.8，魏铁铮、王庆彬 266，HMAS 85278。

世界分布：中国、印度尼西亚、印度、塞拉利昂、喀麦隆、乌干达、刚果、南非、巴布亚新几内亚、墨西哥、萨尔瓦多、哥伦比亚、委内瑞拉、巴西、阿根廷。

半球炭角菌　图版 LIX

Xylaria semiglobosa G. Huang & L. Guo, in Huang, Wang, Guo & Liu, Mycotaxon 130(1): 299, 2015.

子座簇生或者单个，半球形，基部通常收缩，高 3～9 mm，直径 4～14 mm；表面黑色，有细小鳞片；内部白色，后期中空。子囊壳椭圆形或者近球形，直径 600～900 μm；孔口乳突状。子囊圆柱形，八孢，单行排列或者部分双行排列，212～237 × 9～16 μm，有孢子部分长 122～132 μm，顶环在 Melzer 试剂中呈蓝色，瓮形，长 9～10 μm，宽 5～8 μm。子囊孢子暗褐色，单胞，不等边椭圆形，有的一端收缩，(20～)22～25(～27) × 6～7(～9) μm；芽缝斜，比孢子短很多，长 7～9 μm，约孢子的 1/3 长。

生境：生于腐木上。

研究标本：海南：吊罗山，2012.XI.10，何双辉 201211101，HMAS 270192（副模式）。云南：勐腊，海拔 760 m，2013.X.17，黄谷、郭林、李伟 230，HMAS 270193（主模式）。

世界分布：中国。

讨论：此种与 *Xylaria glebulosa* (Ces.) Y.M. Ju & J.D. Rogers、*Xylaria fraseri* M.A. Whalley et al.和 *Xylaria atroglobosa* Hai X. Ma et al.是近似种。*Xylaria semiglobosa* 与 *Xylaria glebulosa* 的区别是后者子座小，高 1.5～2(～3) mm，直径 1～3 mm，子囊孢子大，27～31 × 8～10 μm，两端通常收缩(Ju and Rogers 1999)；*Xylaria semiglobosa* 与 *Xylaria fraseri* 的区别是后者子座表面有白色至黄白色鳞片，子囊顶环矮，4.5～5 × 3.5～4 μm，芽缝直（Whalley et al. 2000）；*Xylaria semiglobosa* 与 *Xylaria atroglobosa* 的主要区别是后者子囊顶环矮，4.5～5 × 3.5～5 μm，子囊孢子一端有附属物，6～7 × 3～4 μm（Ma et al. 2012a）。

球形炭角菌　图版 LX

Xylaria sphaerica G. Huang & L. Guo, Mycotaxon 130: 300, 2015.

子座单根，顶端有不孕小尖，可育部分基部有长的分叉突起，全长 1.3～1.5 cm，可育部分球形或者近球形，高 1～1.5 mm，直径 1～2 mm；表面黑色，光滑，可见子囊壳孔口；内部白色，充实；柄黑色，细长，毛发状，有绒毛。子囊壳椭圆形或者近圆形，直径 540～600 μm，孔口乳突状。子囊圆柱形，八孢，单行排列，118～128 × 7～12 μm，有孢子部分长 75～83 μm，顶环在 Melzer 试剂中呈蓝色，帽形，长 4～5 μm，宽 3～4 μm。子囊孢子褐色，不等边椭圆形，偶有一端收缩，(10.5～)12～13(～15) × 5～7 μm，芽缝直，与孢子等长。

生境：生于枯枝上。

研究标本：海南：霸王岭，海拔 740 m，2009.XII.12，朱一凡、郭林 133，HMAS 270191（主模式）。

世界分布：中国。

讨论：此种与 *Xylaria sicula* f. *major* Ciccar.有相似之处，但是后者生在叶上，子座顶端有长尖，子囊孢子稍小，9～12 × 3～6 μm（Ciccarone 1946）。

黄色炭角菌 图版 LXI

Xylaria tabacina (J.Kickx f.) Fr., Nova Acta Reg. Soc. Sci. Upsal. Ser. 3, 1: 127, 1851.

Hypoxylon tabacinum J. Kickx f., Bulletin Acad. Roy. Bruxelles 8: 76, 1841.

子座单根，棒状或者圆柱状，顶端圆钝，长 3～9 cm，宽 4～25 mm；表面黄色，光滑，后期有皱褶；内部黄白色，中空；有柄，长 0.8～1.6 cm, 宽 4～12 mm。子囊壳椭圆形或近圆形，直径 420～850 μm。子囊圆柱形，八孢，单行排列，192～262 × 8～10 μm，有孢子部分长 132～150 μm，顶环在 Melzer 试剂中呈蓝色，瓮形或者矩形，高 4～6 μm，宽 4～5.5 μm。子囊孢子褐色或深褐色，不等边椭圆形，两端窄圆或者渐尖，19～24(～27) × 6～9.5 μm，芽缝斜或者螺旋形，比孢子短。

生境：生于腐木上。

研究标本：广东：信宜，1998. X，卯晓岚，HMAS 78412。湖南：宜章，莽山，2006.IX.11，周茂新 6289，HMAS 145136；宜章，莽山，2006.IX.8，周茂新 6328，HMAS 145126；宜章，莽山，2001.XI.2，海拔 1000 m，张小青 3478，HMAS 145523；宜章，莽山，海拔 1300 m，1981. IX. 28，宗毓臣、卯晓岚 47，HMAS 42213。广西：田林，海拔 1400 m，1957. XI. 27，徐连旺 929，HMAS 21962；凌乐，海拔 1600 m，1957. XII. 10，徐连旺 1031，HMAS 21963；凌乐，海拔 1500 m，1957. XII. 18，徐连旺 522，HMAS 21964。海南：吊罗山，海拔 900m，1958. IX. 30，黄志权 338，HMAS 27818。

世界分布：中国、南非、美国。

特氏炭角菌

Xylaria telfairii (Berk.) Sacc., Syll. Fung. (Abellini) 1: 320, 1882; Teng, Fungi of China. p. 197, 1963; Tai, Sylloge Fungorum Sinicorum. p. 354, 1979; Mao, The Macrofungi in China. p. 575, 2000; Zhuang, Higher Fungi of Tropical China. p. 128, 2001.

Sphaeria telfairii Berk., Ann. Mag. Nat. Hist. Ser. 1, 3: 397, 1839.

Xylosphaera telfairii (Berk.) Dennis, Kew Bull. 13(1): 106, 1958.

子座单根或者分叉，棒状或圆柱状，顶端圆钝，长 5.5～9.3 cm，宽 0.5～1.1 cm；表面黑色，光滑；内部白色，成熟后中空；柄黑色，短或者界限不明显。子囊壳椭圆形或者近圆形，直径 320～950 μm。子囊圆柱形，八孢，单行排列，有孢子部分 110～140 × 7.5～9 μm，顶环在 Melzer 试剂中呈蓝色，矩形，长 3.5～5(～6) μm，宽 3～4(～5) μm。子囊孢子褐色，单胞，不等边椭圆形，两端圆钝，偶见一端收缩，(17.5～)19～23(～25) × 6～7(～8.5) μm，芽缝斜，比孢子短。

生境：生于腐木上。

研究标本：广西：凌乐，1957. XII. 13，徐连旺 1218，HMAS 22008。海南：七仙岭，海拔 700 m，2012.XI.9，何双辉 HN03，HMAS 270175。云南：勐腊，勐仑，中国科学院西双版纳热带植物园，海拔 550 m，2013.X.14，黄谷、郭林、李伟 79，HMAS 253085；勐腊，勐仑，中国科学院西双版纳热带植物园，海拔 570 m，2013.X.15，黄谷、郭林、李伟 130，HMAS 269970；勐仑，中国科学院西双版纳热带植物园，海拔 570 m，2013.X.16，黄谷、郭林、李伟 208，HMAS 269967；勐腊，海拔 650 m，1999.X.17，庄文颖、余知和 3104，HMAS 77971。

世界分布：中国、马来西亚、印度尼西亚、印度、斯里兰卡、塞拉利昂、乌干达、毛里求斯、南非、澳大利亚、巴布亚新几内亚、墨西哥、哥斯达黎加、古巴、牙买加、特立尼达和多巴哥、哥伦比亚、委内瑞拉、圭亚那、法属圭亚那、巴西、阿根廷。

番丽炭角菌 图版 LXII

Xylaria venustula Sacc., Annls Mycol. 4(1): 76, 1906.

Xylosphaera venustula (Sacc.) Dennis, Kew Bull. 13: 106, 1958.

子座单根，偶尔上部分叉，棒状或者圆柱形，顶端圆钝，长 3.2～8.5 cm，宽 3～6 mm；表面灰褐色，夹杂有黑色斑点，通常纵向裂开，露出黑色细条纹；内部黄色，后期中空；柄黑色，光滑，有不同程度的扭曲，长 1～7 cm，宽 1～3 mm。子囊壳椭圆形或者近圆形，直径 330～800 μm。孔口乳突状。子囊圆柱形，八孢，单行排列，有孢子部分长 65～80 μm，顶环在 Melzer 试剂中呈蓝色，矩形或者倒帽形，高 2～3 μm，宽 1.5～2 μm。子囊孢子褐色，不等边椭圆形，两端圆钝，(10～)10.5～14 × 4～5(～6) μm，芽缝直，与孢子等长。

生境：生于木头上。

研究标本：广西：隆林，海拔 800 m，1957.XI.1，徐连旺 707，HMAS 26832。海南：吊罗山，海拔 250 m，1958.IX.30，郑儒永等 349，HMAS 27794；霸王岭，海拔 800 m，1958.IX.20，于积厚、邢俊昌 734，HMAS 26831；霸王岭，海拔 634 m，2009.XII.10，朱一凡、郭林 105，HMAS 220897；霸王岭，海拔 634 m，2009.XII.10，朱一凡、郭林 106，HMAS 220898。

世界分布：中国、塞拉利昂、刚果、乌干达。

毛鞭炭角菌 图版 LXIII

Xylaria xanthinovelutina (Mont.) Mont. [as '*ianthino-velutina*'], Syll. Gen. Sp. Crypt. (Paris): 204, 1856; Teng, Fungi of China. p. 204, 1963; Tai, Sylloge Fungorum Sinicorum. p. 353, 1979.

Hypoxylon xanthinovelutinum Mont. [as '*xanthino-velutinum*'], Ann. Sci. Nat. Bot. Sér. 2, 13: 348, 1840.

Xylaria warburgii Henn., Hedwigia 32:224, 1893; Teng, Fungi of China. p. 204, 1963; Tai, Sylloge Fungorum Sinicorum. p. 355, 1979.

子座单根，圆柱形，偶有分叉，顶端有短的不孕小尖，长 4～15 cm，宽 1～2 mm；表面黑色或者黑褐色，子囊壳明显突起；内部白色，充实；柄黑色，表面纵向有皱纹，基部或有膨大，有褐色绒毛，长 2.5～9 cm, 宽 0.2～1 mm。子囊壳近圆形或者椭圆形，长 280～550 μm；孔口乳突状。子囊圆柱形，八孢，单行排列，有孢子部分 74～80 × 7 μm，顶环在 Melzer 试剂中呈蓝色，倒帽形，长 2～2.5 μm，宽 1～2 μm。子囊孢子褐色或者浅褐色，不等边椭圆形，两端圆钝，9～12 × 4～5 μm，芽缝直，几乎与孢子等长。

生境：生于羊蹄甲属植物 *Bauhinia* sp. (豆科 Leguminosae)豆荚上。

研究标本：云南：勐腊，勐仑，中国科学院西双版纳热带植物园，海拔 570 m，2013.X.16，黄谷、郭林、李伟 203b，HMAS 253078；勐仑，中国科学院西双版纳热带植物园，海拔 570 m，2013.X.16，黄谷、郭林、李伟 185a，HMAS 253077。

世界分布：中国、菲律宾、斯里兰卡、利比里亚、肯尼亚、乌干达、美国、墨西哥、特立尼达和多巴哥、哥伦比亚、委内瑞拉、法属圭亚那、巴西、阿根廷、巴拉圭。

矮炭角菌 图版 LXIV

Xylaria xylarioides (Speg.) Hladki & A.I. Romero, Fungal Diversity 42: 86, 2010 (nom. inval., Art. 33.4, see Note 1).

Hypoxylon xylarioides Speg., Anal. Soc. Cient. Argent. 9(4): 179, 1880.

子座矮小，通常单根，偶簇生，通常近球形，偶椭圆形或者圆柱状，顶端通常有小尖，高 1.5～6 mm，宽 0.5～1 mm；表面黑褐色，有剥离层；内部白色，充实；柄或短或长，光滑或者有绒毛，长 0.5～4 mm。子囊壳近球形，直径 310～560 μm。孔口乳突状。子囊圆柱形，八孢，单行排列，有孢子部分 116～125 × 7.5～9.5 μm，顶环在 Melzer 试剂中呈蓝色，矩形(上部稍宽)，长 3～4 μm，宽 2.5～3.5 μm。子囊孢子褐色，单胞，不等边椭圆形或者船形，两端圆钝，17～21(～22) × 6～9 μm，芽缝直，比孢子短。

生境：生于木头上。

研究标本：贵州：茂兰自然保护区，海拔 500 m，2013. IX.12，黄谷、郭林、李伟 27，HMAS 270002。陕西：太白山，1963.V.3，马启明、宗毓臣 2112，HMAS 35748。

世界分布：中国、阿根廷。

附　录

中国炭角菌属资料补遗

由于缺少标本，以下炭角菌未经本书作者研究，现记述如下。

长锐炭角菌

Xylaria acuminatilongissima Y.M. Ju & H.M. Hsieh, Mycologia 99(6): 938, 2008 [2007].

子座圆柱形，不分枝或者偶分枝，顶端渐尖，高 6～20 cm，宽 2～4 mm；表面赭石色至浅黄褐色，褶皱；内部白色，中心黑色。柄黑色，长 2～6 cm。子囊壳倒卵形或者短圆柱形，高 400～500 μm，直径 200～300 μm。孔口圆锥乳突状。子囊圆柱形，八孢，50～65 × 3～4 μm，有孢子部分长 25～35 μm，柄长 25～35 μm，顶环在 Melzer 试剂中呈蓝色，倒帽形，高 1.5 μm，宽 1.5 μm。子囊孢子褐色至黑褐色，不等边短梭形至不等边椭圆形，两端窄圆，有的收缩，4～5 × 2～2.5 μm，两端有长 2～3 μm 的透明附属物，芽缝直，与孢子等长。

生境：生于地上。

台湾(Ju and Hsieh 2007)。

白网格炭角菌

Xylaria alboareolata Y.M. Ju & J.D. Rogers, N. Amer. Fung. 7(9): 18, 2012.

Xylaria areolata (Berk. & M.A. Curtis) Y.M. Ju & J.D. Rogers, Mycotaxon 73: 398, 1999.

子座半球形，高 2.5～4 mm，直径 4～8 mm；表面有白色鳞片；内部白色。子囊壳倒卵形，高 800～1000 μm，直径 500～700 μm。孔口乳突状。子囊圆柱形，八孢，320～360 × 11～13 μm，有孢子部分长 200～230 μm，顶环在 Melzer 试剂中呈蓝色，缸形，高 10～13 μm，宽 5～5.5 μm。子囊孢子黑褐色，不等边椭圆形，两端阔圆，28～33 × 8.5～10 μm，两端有长 2～3 μm 的透明附属物，芽缝直，近孢子长。

生境：生于腐木上。

台湾(Ju and Rogers 1999)。

类陀螺炭角菌

Xylaria apoda (Berk. & Broome) J.D. Rogers & Y.M. Ju, Mycotaxon 68: 369, 1998.

子座簇生，陀螺状或者倒锥形，直径 1～2.5 mm；表面黑褐色至黑色，光滑，顶端微皱，侧面裂开；内部初期白色，后期黑褐色。有柄或者无。子囊壳倒卵形，高 800～1000 μm，直径 400～700 μm。孔口稍微突起。子囊 150～165 × 5～6 μm，有孢子部分长 60～80 μm，柄长 80～90 μm，顶环在 Melzer 试剂中呈蓝色，倒帽形，高 1.5～2 μm，宽 2 μm。子囊孢子浅褐色，不等边梭形或者新月形，两端窄圆，9～11 × 3.5～4.5 μm，芽缝直，比孢子稍短。

生境：生于腐木上。

台湾(Rogers and Ju 1998b)。

矮乔木炭角菌

Xylaria arbuscula Sacc., Michelia 1(no. 2): 249, 1878.

子座不分枝或者分枝，圆柱状或者圆锥形，顶端有不孕小尖，高 0.2～3 cm，直径 1.5～3 mm；表面黑色，光滑或者稍褶皱，具有褐色至灰色的剥离层；内部白色。近无柄、短柄或者长柄，常有绒毛。子囊壳球形，直径 300～700 μm。孔口稍微突起。子囊 140～180 × 7～8 μm，有孢子部分长 83～103 μm，顶环在 Melzer 试剂中呈蓝色，倒帽形，高 2.5～3.7 μm，宽 1.5～2.2 μm。子囊孢子褐色至黑褐色，不等边椭圆形，(13～)13.5～17 × 5～6 μm，芽缝直，孢子的 1/3～1/2 长，或者近孢子长。

生境：生于树枝上。

台湾(Ju and Rogers 1999)、广东、湖北(马海霞 2011)。

黑球炭角菌

Xylaria atroglobosa Hai X. Ma, Lar.N. Vassiljeva & Yu Li, Mycotaxon 119: 382, 2012.

子座半球形至凹陷的球形，高 3～6 mm，直径 0.6～1.2 cm；表面黑色，光滑；内部白色；基部缢缩。子囊壳球形，直径 500～800 μm。孔口突起。子囊圆柱形，八孢，单行排列，有孢子部分长 150～170 μm，顶环在 Melzer 试剂中呈蓝色，瓮状，高 4.5～5 μm，宽 3.5～5 μm。子囊孢子褐色，不等边椭圆形至新月形，两端阔圆至窄圆，(24～)24.5～27(～29) × 7.5～9 μm，一端具有圆形透明附属物，6～7 × 3～4 μm，芽缝斜，比孢子短得多。

生境：生于腐木上。

云南(Ma et al. 2012)。

黑壳炭角菌

Xylaria atrosphaerica (Cooke & Massee) Callan & J.D. Rogers, Mycotaxon 36(2): 349, 1990.

子座垫状，高 1～2 mm，直径 1.5～4 mm；表面黑褐色，粗糙；内部白色至黄褐色；基部缢缩。子囊壳球形，直径 500～1000 μm。孔口稍突起，不明显。子囊圆柱形，八孢，有孢子部分 105～120× 7～9 μm，顶环在 Melzer 试剂中呈蓝色，圆柱形，高 5～6 μm，宽 4～4.5 μm。子囊孢子褐黑色，不等边椭圆形，(17～)18～20(～21) × 6～7 μm，芽缝斜，约孢子 3/4 长。

生境：生于腐木上。

台湾(Ju and Rogers 1999)。

版纳炭角菌

Xylaria bannaensis Hai X. Ma, Lar.N. Vassiljeva & Yu Li, Mycotaxon 125: 252, 2013.

子座不分枝，圆柱状，顶端圆钝，高 7～10 cm，直径 2.5～5 mm；表面黑褐色至黑色，纵向褶皱，裂开，粗糙；内部初期白色，后期黑色。柄长，无毛，纵向褶皱，有假根。子囊壳卵圆形，直径 400～600 μm。孔口乳突状。子囊圆柱形，八孢，60～90(～95) × 4～5.5 μm，有孢子部分长 40～45 μm，顶环在 Melzer 试剂中呈蓝色，高 1～1.3 μm，宽 1～1.6 μm。子囊孢子褐色至黑褐色，不等边椭圆形，(5.5～)6～7(～7.5) × 3～4 μm，芽缝直，近孢子长。

生境：生于地上。

云南(Ma et al. 2013d)。

伯特氏炭角菌

Xylaria berteroi (Mont.) Cooke ex J.D. Rogers & Y.M. Ju [as '*berteri*'], N. Amer. Fung. 7(9): 18, 2012 [nom. inval., Art. 41.5 (Melbourne)].

Xylaria berteroi (Mont.) Cooke, Grevillea 11(no. 60): 126, 1883; Ju & J.D. Rogers, Mycotaxon 73: 401, 1999.

子座盾形至盘状，高 1.5～2.5 mm，宽 0.4～1.5 cm；表面暗褐色至黑色，光滑，开裂；内部白色；与基物有窄的连接。子囊壳近球形，直径 500～800 μm。孔口稍乳突状。子囊圆柱形，八孢，单行排列，偶尔双行排列，130～180 × 8～9 μm，有孢子部分长 84～94 μm，顶环在 Melzer 试剂中呈蓝色，盘形，高 1～1.5 μm，宽 2～2.5 μm。子囊孢子暗褐色至黑褐色，椭圆形，两端窄圆或者收缩，有时一端有细胞状附属物，(12.5～)13～14(～15) × 7～8.5 μm，芽缝直，不明显。

生境：生于木头上。

台湾(Ju and Rogers 1999)、云南、湖南(Ma et al. 2013c)。

紫棕炭角菌

Xylaria brunneovinosa Y.M. Ju & H.M. Hsieh, Mycologia 99(6): 941 (2008) [2007].

子座圆柱形，侧面扁或者不扁，不分枝或者偶分枝，顶端渐尖，高 3～6 cm，宽 1.5～3(～5) mm；表面褐紫红色，褶皱；内部紫红色，中心黑色。柄黑色，长 2～6 cm。子囊壳球形，直径 200～300 μm。孔口圆锥乳突状。子囊圆柱形，八孢，85～95 × 4.5～5 μm，有孢子部分长 50～55 μm，柄长 35～45 μm，顶环在 Melzer 试剂中呈蓝色，倒帽形或者缸形，高 2～2.5 μm，宽 2～2.5 μm。子囊孢子暗褐色，不等边椭圆形，两端窄圆，5.5～6.5 × 3～4 μm，芽缝直，与孢子等长。

生境：生于地上。

台湾(Ju and Hsieh 2007)。

卷曲炭角菌

Xylaria cirrata Pat., J. Bot., Paris 5: 318, 1891.

子座圆柱形，不分枝或者偶分枝，卷曲，顶端渐尖，高 2.5～8 cm，宽 2～3.5 mm；

表面浅黄褐色，褶皱；内部白色至浅黄色，中心黑色。柄黑色，长 1～2.5 cm。子囊壳球形，直径 300～400 μm。孔口圆锥乳突状。子囊圆柱形，八孢，65～80 × 4～5 μm，有孢子部分长 35～40 μm，柄长 25～40 μm，顶环在 Melzer 试剂中呈蓝色，倒帽形，高 1.5 μm，宽 1.5 μm。子囊孢子褐色至暗褐色，不等边椭圆形，两端窄圆，常收缩，6～7 × 2.5～4 μm，芽缝直，与孢子等长。

生境：生于地上。

台湾（Ju and Hsieh 2007）。

柱状炭角菌

Xylaria columnifera Mont., Ann. Sci. Nat. Bot. Sér. 4, 3: 102, 1855; Teng, Fungi of China. p. 202, 1963; Tai, Sylloge Fungorum Sinicorum. p. 351, 1979.

子座群生，不分枝，有时基部相连，高 3.5～9 cm，光滑或者稍皱，头部圆柱形，宽 2.5～5 mm，顶端有不孕小尖；表面初期浅茶褐色至深肉桂色，后期色渐暗；内部白色；柄长 1.5～4 cm，宽 1.5～3 mm。子囊壳近球形，直径 520～580 μm。孔口瘤状，外露。子囊圆柱形，有孢子部分 120～150 × 7～9 μm。子囊孢子暗褐色，不等边椭圆形，18～23 × 5.5～8 μm。

生境：生于腐木上。

海南（邓叔群 1963）。

省藤生炭角菌

Xylaria copelandii Henn. [as '*copelandi*'], Hedwigia 47: 260, 1908.

子座圆柱状至圆锥状，簇生或者单生，顶端较尖，高 0.4～0.9 cm，宽 1.5～2 mm；表面黑色；内部白色；柄短。子囊壳球形，直径 300～400 μm。孔口稍突起。子囊圆柱形，八孢，单行排列，140～200 × 6.5～7.5 μm，有孢子部分长 88～98 μm，顶环在 Melzer 试剂中呈蓝色，楔形，高 3.5～4.5 μm，宽 1.8～2.3 μm。子囊孢子褐色，不等边椭圆形至新月形，两端窄圆，(13～)14～16(～18) × 5.5～6.5 μm，芽缝不清晰。

生境：生于省藤属植物树干或者树枝上。

广东（马海霞 2011）。

冠毛炭角菌

Xylaria cristulata Lloyd, Mycol. Notes (Cincinnati) 5 (*Xylaria* Notes 2): 31, 1918; Teng, Fungi of China. p. 203, 1963; Tai, Sylloge Fungorum Sinicorum. p. 352, 1979.

子座圆柱形或扁，可育部分高 2～8 cm，宽 3～10 mm，顶端不孕，通常爪形；表面暗褐色，有纵向裂纹；内部初期灰色，后中空；柄多皱，长 0.3～2 cm，基部近光滑，或有毡垫。子囊壳近球形，直径 520～550 μm。孔口突起。子囊有孢子部分 650～70 × 6～7 μm。子囊孢子褐色，长方形或者不等边长方形，10～14 × 4～5 μm。

生境：生于木头上。

广西、海南（邓叔群 1963）。

全白炭角菌

Xylaria enteroleuca (J.H. Mill.) P.M.D. Martin, Jl S. Afr. Bot. 36(2): 100, 1970.

子座盾状至扁平的锥状，高 1.5～2.5 mm，直径 0.4～1.5 cm；表面黑色；内部白色；柄短。子囊壳球形，直径 600～1200 μm。孔口稍突起。子囊圆柱形，八孢，单行排列，110～180 × 8.5～9.5 μm，有孢子部分长 (73～)84～94 μm，顶环在 Melzer 试剂中呈蓝色，近长方形，高 1～1.5 μm，宽 2～2.5 μm。子囊孢子黑褐色，不等边椭圆形，12.5～14(～15) × 7.5～9 μm，一端具有小透明细胞状附属物，芽缝直，不清晰。

生境：生于腐树桩上。

云南、湖南(马海霞 2011)。

痂状炭角菌

Xylaria escharoidea (Berk.) Sacc., Syll. Fung. (Abellini) 1: 316, 1882.

子座圆柱形，高 5～15 cm，宽(3～)4～5 mm；表面粗糙，有纵向皱纹，初期白色至黄色，后期变为暗黑色；内部初期白色，后期中心变黑色；柄黑色，有长的假根。子囊壳 200～600 μm。孔口突起。子囊圆柱形，八孢，55～75 × 3～4.5 μm，有孢子部分长 28～34 μm，顶环在 Melzer 试剂中呈蓝色，较小。子囊孢子褐色，不等边椭圆形，4～4.5(～5) × 2.5～3.5 μm，芽缝直，不清晰。

生境：生于地上。

云南(马海霞 2011)。

梵净山炭角菌

Xylaria fanjingensis Hai X. Ma, Lar.N. Vassiljeva & Yu Li, Sydowia 65(2): 330, 2013.

子座半球形、近球形至扁球形，高 1.5～2.5 mm，宽 1.5～3.5 mm；表面黑色，光滑；内部白色；与基物有窄的中心连接。子囊壳近球形，直径 800～1500 μm。孔口乳突状。子囊圆柱形，八孢，单行排列，偶尔双行排列，(155～)240～290(～305) × 20～27 μm，有孢子部分长 190～218 μm，顶环在 Melzer 试剂中呈浅锈色或者锈色，缸形，高 8.5～10.5(～11.5) μm，宽 (7～)8～9.5(～10) μm。子囊孢子暗褐色至黑褐色，几乎等边椭圆形，两端窄圆，(37.5～)38～44.5(～46.5) × 18～20 μm，芽缝直，与孢子等长。

生境：生于树枝上。

贵州(Ma et al. 2013c)。

木瓜榕生炭角菌

Xylaria ficicola Hai X. Ma, Lar.N. Vassiljeva & Yu Li, Mycotaxon 116: 152, 2011.

子座单根，不分枝，偶尔分枝，圆锥形至近球形，直径 1～2.5 mm，厚 1～2 mm；表面黑色，光滑；内部白色；柄线状，光滑，长达 6 cm。子囊壳近球形，直径 300～500 μm。孔口稍凸起，不明显。子囊圆柱形，八孢，单行排列，190～220 × 8～10 μm，有孢子部分长 110～132 μm，顶环在 Melzer 试剂中呈蓝色，倒帽形，高 5～6.5(～7) μm，宽 3～3.5 μm。子囊孢子褐色至黑褐色，不等边椭圆形，两端具有圆形透明附属物，(16～)17.5～21 × 6.5～8.5 μm，芽缝不明显。

生境：生于木瓜榕 *Ficus auriculata* Lour.叶片和叶柄上。

云南(Ma et al. 2011a)。

劈裂炭角菌

Xylaria fissilis Ces., Atti Accad. Sci. Fis. Mat. Napoli 8(no. 8): 16, 1879; Teng, Fungi of China. p. 206, 1963; Tai, Sylloge Fungorum Sinicorum. p. 352, 1979.

子座近半球形或者近陀螺形，直径 6～13 mm；表面黑色，多皱；内部白色，充实；具瘤状小柄。子囊壳卵形至近球形，400～520 × 330～460 μm。孔口不明显。子囊圆柱形，95 × 5 μm，有孢子部分长 65 μm。子囊孢子褐色，不等边卵形，两端通常收缩，8～10×5 μm。

生境：生于木头上。

海南(邓叔群 1963)。

梭孢炭角菌

Xylaria fusispora Hai X. Ma, Lar.N. Vassiljeva & Yu Li, Phytotaxa 147(2): 51, 2013.

子座不分枝或者分枝，圆锥形至椭圆形，顶端有不孕小尖，长 0.6～3 cm，宽 1.5～4 mm；表面白色至黄色，粗糙，有剥离层；内部白色，中心黄褐色；柄或长或短，黑色，无毛。子囊壳球形，直径 500～600 μm。孔口稍凸起，不明显，黑色。子囊圆柱形，八孢，单行排列，有孢子部分 135～145 × 14～16 μm，顶环在 Melzer 试剂中不呈蓝色，倒帽形，高 5.5～7 μm，宽 4.5～5 μm。子囊孢子褐色、暗褐色至黑色，不等边梭形或者梭形，两端窄圆，一端具有圆形透明附属物，高 1.5～2.5 μm，宽 2.5～3.5 μm，(26.5～)28～30(～31.5) × 13.5～14.5 μm，芽缝直或者稍 S 形，比孢子稍短。

生境：生于腐木上。

贵州(Ma et al. 2013b)。

圆肿炭角菌

Xylaria glebulosa (Ces.) Y.M. Ju & J.D. Rogers, Mycotaxon 73: 405, 1999.

子座垫状至球形，顶端平或者稍突起，高 1.5～2(～3) mm，宽 1～3 mm；表面暗褐色至黑色，明显的网状裂开；内部白色；与基物有窄的中心连接。子囊壳球形，直径 600～800 μm。孔口半球形，不明显。子囊圆柱形至棒状圆柱形，八孢，单行排列或者部分双行排列，210～240 × 11～15 μm，有孢子部分长 140～170 μm，顶环在 Melzer 试剂中呈蓝色，缸形，高 8～11 μm，宽 5～6 μm。子囊孢子暗褐色，不等边椭圆形，两端明显收缩， 27～31 × 8～10 μm，芽缝斜，比孢子短得多。

生境：生于木头上。

台湾(Ju and Rogers 1999)。

细小炭角菌

Xylaria gracillima (Fr.) Fr., Nova Acta R. Soc. Scient. Upsal., Ser. 3, 1(1): 128, 1851.

子座细长，单个或者分枝，表面灰褐色至黑褐色，无毛。

生境：生于土白蚁属废巢上。

(李赛飞和文华安 2007, Li and Wen 2008)。

禾生炭角菌

Xylaria graminicola W.R. Gerard, in Peck, Ann. Rep. N.Y. St. Mus. 26: 85, 1874; Teng, Fungi of China. p. 206, 1963; Tai, Sylloge Fungorum Sinicorum. p. 352, 1979.

子座单个，细长，高 4 cm，头部圆柱形，长 2 cm，宽 2 mm，顶端不孕；表面暗褐色；内部白色；柄长 12 mm，宽 1 mm，有纵皱，基部向下延伸呈根状。子囊壳几乎生于子座表面，直径 350～480 μm。孔口瘤状，黑色。子囊圆柱形，有孢子部分 70 × 5～6 μm。子囊孢子褐色，不等边椭圆形，10 × 4～4.5 μm。

生境：生于地上。

江苏(邓叔群 1963)。

灰棕炭角菌

Xylaria griseosepiacea Y.M. Ju & H.M. Hsieh, Mycologia 99(6): 944 (2008) [2007].

子座梭形至圆柱形，不分枝或者自柄处双歧分枝，顶端渐尖，高 2.5～6 cm，宽 2～3 mm；表面灰棕色，褶皱；内部白色。柄黑色，长 1～3 cm。子囊壳倒卵形至近球形，高 400～500 μm，直径 300～400 μm。孔口圆锥乳突状。子囊圆柱形，八孢，90～110 × 4～5 μm，有孢子部分长 40～45 μm，柄长 40～65 μm，顶环在 Melzer 试剂中呈蓝色，倒帽形，高 2 μm，宽 2 μm。子囊孢子暗褐色，不等边椭圆形，两端窄圆，有时收缩，(5～)5.5～6.5 × 2～3 μm，芽缝直，比孢子稍短。

生境：生于地上。

台湾(Ju and Hsieh 2007)。

陀螺炭角菌

Xylaria cf. **heliscus** (Mont.) J.D. Rogers & Y.M. Ju, Mycotaxon 68: 370, 1998.

子座盾状，分枝，顶端圆钝，高 2.5～4(～25) mm，宽 1.5～2 mm；表面暗褐色，光滑；内部白色。柄或短或长。子囊壳球形，直径 300～400 μm。孔口乳突状，中心有直径 0.1 mm 的圆盘。子囊圆柱形，八孢，130～150 × 12～13.5 μm，有孢子部分长 70～80 μm，顶环在 Melzer 试剂中呈蓝色，缸形，高 5 μm，宽 3 μm。子囊孢子暗褐色，不等边椭圆形，两端窄圆，有时收缩，11.5～12.5 (～13.5) × 5.5～6.5(～7) μm，芽缝直，比孢子稍短。

生境：生于木头上。

台湾(Ju and Rogers 1999)。

瘤柄炭角菌

Xylaria hemiglossa Pat., Bull. Soc. Mycol. Fr. 18(4): 301, 1902; Teng, Fungi of China. p. 196, 1963; Tai, Sylloge Fungorum Sinicorum. p. 353, 1979.

子座近半球形或者近陀螺形，直径 6～13 mm；表面黑色，多皱；内部白色，充实；

具瘤状小柄。子囊壳卵形至近球形，400～520 × 330～460 μm。孔口不明显。子囊圆柱形，95 × 5 μm，有孢子部分长 65 μm。子囊孢子褐色，不等边卵形，两端通常收缩，8～10×5 μm。

生境：生于腐木上。

海南(邓叔群 1963)。

半球状炭角菌

Xylaria hemisphaerica Hai X. Ma, Lar.N. Vassiljeva & Yu Li, Mycosystema 32: 603, 2013.

子座半球形或者不规则球形，顶端平或者稍凸起，高 3～5 mm，宽 4～7 mm；表面灰黑色至黑色，光滑；内部白色；基部缢缩。子囊壳球形，直径 400～700 μm。孔口不明显。子囊圆柱形，八孢，单行排列，200～260 × 9～11 μm，有孢子部分长 140～167 μm，顶环在 Melzer 试剂中呈蓝色，瓮状，高 4.3～5.6 μm，宽 3～4 μm。子囊孢子褐色，不等边椭圆形或者新月形，两端通常收缩，偶一端有小透明附属物，(24～)26.5～28(～31) × 7～8.5 μm，芽缝斜或者螺旋形，比孢子短。

生境：生于腐木上。

云南(Ma et al. 2013a)。

马舌炭角菌

Xylaria hippoglossa Speg., Boln Acad. nac. Cienc. Córdoba 11(4): 514, 1889; Teng, Fungi of China. p. 200, 1963; Tai, Sylloge Fungorum Sinicorum. p. 353, 1979.

子座高 4～5.5 cm；头部扁，匙形，罕圆柱形，高 2.2～3.5 cm，宽 0.5～2 cm；表面暗褐色至黑色，有皱纹；内部白色，充实。柄近圆柱形，长 15～18 mm，宽 3～4 mm，基部稍有毡垫。子囊壳近球形或者近卵形，420～490 × 400～450 μm。孔口稍突。子囊圆柱形，有孢子部分 92～110 × 6～7 μm，子囊孢子暗褐色，不等边椭圆形或者船形，12～16 × 5～6 μm。

生境：生于腐木上。

海南(邓叔群 1963)。

块团炭角菌

Xylaria hypoxylon f. **tuberosa** (Cooke) Theiss.(出处不详); Tai, Sylloge Fungorum Sinicorum. p. 353, 1979.

云南(戴芳澜 1979)。

内卷炭角菌

Xylaria involuta Klotzsch, Linnaea 25: vii, 1852.

子座近棒形，不分枝或者分枝，顶端圆钝，高 4～11 cm，宽 1.2～2 cm；表面黑色，光滑，纵裂；内部白色。柄黑色，长 2～5.5 cm。子囊壳球形，直径 400～800 μm。孔口圆锥状突起。子囊圆柱形，八孢，100～130 × 5.5～6.5 μm，有孢子部分长 56～72 μm，柄长 20～30 μm，顶环在 Melzer 试剂中呈蓝色，方形，高 1.5～2 μm，宽 1.5～2 μm。

子囊孢子黑褐色，不等边椭圆形，两端圆钝，19～24 × 7～11.5 μm，芽缝斜，较短。

生境：生于腐木上。

云南(马海霞 2011)。

橙心炭角菌

Xylaria intracolorata (J.D. Rogers, Callan & Samuels) J.D. Rogers & Y.M. Ju, Mycotaxon 68: 372, 1998; Ju & Rogers, Mycotaxon 73: 407, 1999.

子座顶端平或者突起，高 2～4 mm，宽 2～4 mm；表面黑色，表面下黄色至橙色；内部白色。柄短。子囊壳直径 300～400 μm。孔口乳突状，生在直径小于 0.1 mm 的圆盘上。子囊八孢，通常部分双行排列，105～125 × 6～10 μm，有孢子部分长 53～65 μm，顶环在 Melzer 试剂中呈蓝色，矩形，高 2.2 μm，宽 1.5～2.2 μm。子囊孢子褐色，不等边椭圆形，(8.8～)10～12× 4.5～5 μm，芽缝直，与孢子等长。

生境：生于木头上。

台湾(Ju and Rogers 1999)。

裹黄炭角菌

Xylaria intraflava Y.M. Ju & H.M. Hsieh, Mycologia 99(6): 946, 2008 [2007].

子座圆柱形，不分枝，顶端不分枝或者分枝，渐尖，高 3～8 cm，宽 2～3 mm；表面褐黑色，光滑，褶皱；内部黄色，中心黑色。柄黑色，长 1～3.5 cm。子囊壳倒卵形至长椭圆形，高 600 μm，直径 200～300(～500) μm。孔口圆锥乳突状。子囊圆柱形，八孢，50～65 × 2.5～3.5 μm，有孢子部分长 30～40 μm，柄长 20～30 μm，顶环在 Melzer 试剂中呈蓝色，倒帽形，高 1.5 μm，宽 1.5 μm。子囊孢子褐色至暗褐色，短梭形至椭圆形，两端窄圆，有时收缩， 3.5～4.5 (～5)× 2～2.5 μm，芽缝直，与孢子等长。

生境：生于地上。

台湾(Ju and Hsieh 2007)。

皮屑炭角菌

Xylaria leprosa Speg., Boln Acad. nac. Cienc. Córdoba 11(4): 515, 1889; Ju & Tzean, Trans. Mycol. Soc. R. O. C. 1(2): 110, 1985.

子座棒形或者圆柱形，不分枝，顶端有不孕小尖，高 1.6～8.5 cm；表面暗褐色，有绒毛；内部白色。柄长 8～52mm。子囊壳卵圆形，高 500～600 μm，宽 300～400 μm。孔口乳突状。子囊圆柱形，145～180 × 6～10 μm，柄长 67～83 μm。子囊孢子暗褐色，椭圆形或者船形，两端圆钝，13.5～22.5 ×5～7.5 μm，芽缝螺旋形。

生境：生于木头上。

台湾(Ju and Rogers 1999)。

黑轴炭角菌

Xylaria melanaxis Ces., Atti Accad. Sci. Fis. Mat. Napoli 8(8): 16, 1879; Ju & Rogers, Mycotaxon 73: 409, 1999.

子座圆柱状梭形，高达 10 cm，宽 4 mm；表面白色至黄白色，粗糙褶皱；内部黑色。柄或长或短，有假根。子囊壳直径 200 μm。孔口乳突状。子囊圆柱形，50 × 4 μm，有孢子部分长 25 μm，顶环在 Melzer 试剂中呈蓝色，楔形，小。子囊孢子褐色，不等边阔椭圆形，4.5～5 × 2～3.2 μm，芽缝孔状。

生境：生于地上。

台湾(Ju and Rogers 1999)。

穆勒氏棒状炭角菌

Xylaria moelleroclavus J.D. Rogers, Y.M. Ju & Hemmes, Mycol. Res. 101(3): 345, 1997.

子座圆柱形或者梭形，通常不分枝，高达 12 cm，宽 3 cm；表面初期褐色，后期黑色；内部白色。柄光滑或者褶皱，或短或长，宽 2～5 mm。子囊壳直径达 1000 μm，宽 300～400 μm。孔口圆形，稍突起。子囊八孢，170～200 × 8～11 μm，有孢子部分长 100～120 μm，顶环在 Melzer 试剂中呈蓝色，缸形，高 6 μm，宽 3 μm。子囊孢子褐色，不等边椭圆形，两端收缩，17～21(～23) × 6～7.5 μm，芽缝斜，比孢子短得多。

生境：生于木头上。

台湾(Rogers et al. 1997)。

鼠尾炭角菌

Xylaria myosurus Mont., Ann. Sci. Nat. Bot. Sér. 4, 3: 110, 1855.

子座圆柱形或者棒形，不分枝或者偶分枝，顶端有不孕小尖，高 1.5～5.5 cm，宽 1～2.5 mm；表面黑色，光滑，有白色剥离层；内部白色。无分化的柄。子囊壳直径 300～400 μm。孔口圆锥状突起。子囊圆柱形，八孢，90～130 × 5～6 μm，有孢子部分长 65～82 μm，柄长 20～30 μm，顶环在 Melzer 试剂中呈蓝色，圆饼状或者倒帽形，高 0.8～1.5 μm，宽 0.8～1.5 μm。子囊孢子褐色，不等边椭圆形，两端圆钝，(9.5～)10～11.5(～12.5) × 4.5～5.5 μm，芽缝直，比孢子稍短。

生境：生于腐木上。

广东、云南(马海霞 2011)。

赭黄炭角菌

Xylaria ochraceostroma Y.M. Ju & H.M. Hsieh, Mycologia 99(6): 948, 2008 [2007].

子座梭形至圆柱形，不分枝，或者自柄处双歧分枝，顶端有小尖，高 1～3 cm，宽 1～2(～4) mm；表面赭石色，光滑，褶皱；内部白色至浅赭石色。柄赭石色，长 0.3～1 cm。子囊壳球形，直径 200～300 μm。孔口圆锥乳突状。子囊圆柱形，八孢，80～100 × 4～5 μm，有孢子部分长 40～50 μm，柄长 40～55 μm，顶环在 Melzer 试剂中呈蓝色，倒帽形，高 2 μm，宽 2 μm。子囊孢子暗褐色，不等边椭圆形，两端窄圆，5～6× 3～3.5 μm，芽缝直，比孢子稍短。

生境：生于地上。

台湾(Ju and Hsieh 2007)。

乳突炭角菌

Xylaria papillata Syd. & P. Syd., in De Wildeman, Fl. Bas- et Moyen-Congo 3(1): 18, 1909; Ju & Rogers, Mycotaxon 73: 411, 1999.

子座球形至陀螺形，不分枝，顶端圆钝，不孕，高 0.8～1 mm，宽 1～1.5 mm；表面黑色，具有褐色剥离层；内部白色。自基物有窄的中心连接。子囊壳球形，直径约 600 μm。孔口脐状，中心有 0.1～0.2 mm 浅色区域。子囊圆柱形，八孢，140～160 × 8～10 μm，有孢子部分长 90～100 μm，顶环在 Melzer 试剂中呈蓝色，倒帽形，高 2.5～3.5 μm，宽 2.5～3 μm。子囊孢子褐色至暗褐色，不等边椭圆形，两端窄圆至明显收缩，17～19(～21) × 6.5～7.5(～8) μm，芽缝直，比孢子短。

生境：生于木头上。

台湾(Ju and Rogers 1999)。

疙瘩炭角菌

Xylaria papulis Lloyd, Mycol. Writ. 6(Letter 65): 1055, 1920 [1921]; Ju & Rogers, Mycotaxon 73: 412, 1999.

Xylaria wulaiensis Y.M. Ju & Tzean, Trans. Mycol. Soc. R. O. C. 1(2): 108, 1985.

子座棒形或者棒状圆柱形，不分枝或者自基部分枝，顶端圆钝，高 4～12 cm，宽 1～3.5 cm；表面暗灰色至黑色，光滑，有时裂开；内部白色。柄或短或长。子囊壳球形，直径 600～800 μm。孔口乳突状，生在直径 0.2～0.3 mm 凹下圆形区域中。子囊圆柱形，八孢，170～205 × 5.5～6.5 μm，有孢子部分长 75～85 μm，顶环在 Melzer 试剂中呈蓝色，倒帽形，高 3～3.5 μm，宽 2～2.5 μm。子囊孢子褐色，不等边椭圆形，两端窄圆，11～13.5 × 4～5 μm，芽缝直，与孢子等长或者近孢子长。

生境：生于腐木上。

广东(马海霞 2011)、台湾(Ju and Rogers 1999)。

硬壳炭角菌

Xylaria papyrifera (Link) Fr., Nova Acta R. Soc. Scient. Upsal., Ser. 3, 1(1): 126, 1851 [1855]; Ju & Rogers, Mycotaxon 73: 413, 1999.

子座棒状至棒状圆柱形，不分枝或者基部分枝，顶端圆钝，高 5～8 cm，宽 1～1.5 cm，可育部分高 1～2 cm，表面初期铜色至青铜色，后期黑色；内部白色至黄色，后变中空。柄短。子囊壳直径 500～1000 μm。孔口稍突起。子囊圆柱形，八孢，单行排列，部分双行排列，150～180 × 4～5 μm，有孢子部分长 72～88 μm，顶环在 Melzer 试剂中呈蓝色，方形，高 2 μm，宽 2 μm。子囊孢子浅褐色至褐色，不等边椭圆形，16～19 × 5.5～6.5 μm，芽缝直，比孢子稍短。

生境：生于木头上。

台湾(Ju and Rogers 1999)。

丛枝炭角菌

Xylaria polyramosa Y.X. Li & H.J. Li, Journal of Nanjing Agricultural University 17(3):

146, 1994.

子座丛状，多分枝，高 7～15 mm；表面黑色，有桑葚状突起；内部白色至淡黄色；有柄。子囊壳卵圆形，直径 600～750 μm；孔口向外。子囊圆柱形，八孢，有孢子部分 160～180 × 6～7 μm。子囊孢子褐色至黑褐色，不等边梭形，两端有附属物，15～17 × 5～6 μm，芽缝直，比孢子稍短。

生境：生于树干基部。

江苏(李玉祥和李慧君 1994)。

委陵菜炭角菌

Xylaria potentillae A.S. Xu, Mycosystema 18(2): 137, 1999.

子座圆柱形、圆锥形或者扁平，头部分枝或者柄基分枝，顶端可孕，高达 1～3 cm，宽 3～7 mm，表面黑色，粗糙，桑葚状；内部白色。柄柱状，直或者扭转，具纵褶皱，地下具延伸的假根。子囊壳卵圆形，450～500 × 200～300 μm。孔口盾状或者疣状，突出。子囊棒形，八孢，70～100 × 6～8 μm，顶环在 Melzer 试剂中呈蓝色，近长方形，高 6 μm，宽 2.5 μm。子囊孢子褐色至黑褐色，梭形、不等边椭圆形至半球形，10～16.3 × 5～7.5 μm，芽缝直，比孢子稍短，不清晰。

生境：生于鹅绒委陵菜 *Potentilla anserina* L.根上。

西藏(Xu 1999)。

番石榴炭角菌

Xylaria psidii J.D. Rogers & Hemmes, Mycologia 84(2): 167, 1992.

子座圆柱形，单个或者簇生，不分枝或者分枝，顶端尖，高达 8 cm，宽 1～2 mm，可育部分高 1～2 cm，表面黑色，有灰色至褐色剥离层；内部白色。柄褐色，有细绒毛。子囊壳球形，直径 200～400 μm。孔口脐状，生在直径 0.2～0.3 mm 凹下圆形区域中。子囊圆柱形，八孢，125～155 × 7.5～8.5 μm，有孢子部分长 60～75 μm，顶环在 Melzer 试剂中呈蓝色，近长方形，高 1.5～2 μm，宽 2～2.5 μm。子囊孢子褐色，不等边椭圆形，两端稍尖，(10.5～)11～12.5 × 5.5～6.5 μm，芽缝直，近孢子长。

生境：生于种子上。

云南(马海霞 2011)。

金字塔炭角菌

Xylaria pyramidata Berk. & Broome, J. Linn. Soc., Bot. 14(no. 74): 118, 1873 [1875].

子座近球形，高 2～2.5 mm，宽 2～5 mm，可育部分高 1～2 cm，表面黑色，粗糙；内部白色。柄光滑，有假根，高 1.2～1.6 cm，宽 05～1 mm。子囊壳卵圆形，直径 300～500 μm。孔口稍突起，不明显。子囊圆柱形，八孢，74～85 × 4.5～5.5 μm，有孢子部分长 38～49 μm，顶环在 Melzer 试剂中呈蓝色，楔形，高 0.5～1 μm，宽 1～1.5 μm。子囊孢子褐色，不等边椭圆形，两端圆钝，6～7.5 × 3.3～4.5 μm，芽缝直，比孢子稍短。

生境：生于地上。

云南(马海霞 2011)。

堂皇炭角菌

Xylaria regalis Cooke, Grevillea 11(no. 59): 86, 1883; Ju & Tzean, Trans. Mycol. Soc. R. O. C. 1(2): 108, 1985.

子座圆柱形或者棒状，簇生，高达 9 cm，宽 2.5 cm，表面黑褐色，细小裂开；内部奶油色，后中空。柄短。子囊壳埋生。孔口圆盘状，稍突起，有白色物质围绕。子囊圆柱形，顶环倒帽形。子囊孢子暗褐色，不等边椭圆形，12～14 × 4～5.5 μm，芽缝直，与孢子等长。

生境：生于银合欢 *Leucaena leucocephala* (Lam.) de Wit 植物的基部。

台湾(Ju and Tzean 1985)。

根生炭角菌

Xylaria rhizocola (Mont.) Mont., Syll. Gen. Sp. Crypt. (Paris): 203, 1856; Tai, Sylloge Fungorum Sinicorum. p. 354, 1979.

云南(戴芳澜 1979)。

薛若德氏炭角菌

Xylaria schreuderiana Van der Byl, Ann. Univ. Stellenbosch, Reeks A 10(2): 3, 1932; Ju & Rogers, Mycotaxon 73: 413, 1999.

子座可育部分近球形至近圆柱形，直径 1～2 mm，顶端尖，表面褐色，粗糙，纵裂；内部白色，充实；柄长 0.5～1(～10) mm，宽 0.5 mm，有硬毛。子囊壳埋生于子座内，直径 300～400 μm。孔口不显著。子囊圆柱形，八孢，160～200 × 7～9(～10) μm，有孢子部分长(110～)115～135(～160) μm，顶环在 Melzer 试剂中呈蓝色，楔形，高 5～6 μm，宽 4.5～5 μm。子囊孢子褐色，不等边椭圆形，20～25 × 8～9 μm，牙缝直，与孢子等长或者比孢子稍短。

生境：生于木头上。

台湾(Ju and Rogers 1999)。

纵裂炭角菌

Xylaria siphonia Fr., Nov. Symb. 126, 1851; Teng, Fungi of China. p. 198, 1963; Tai, Sylloge Fungorum Sinicorum. p. 354, 1979.

子座不分枝，高 3～5 cm，头部棒形，长 3～4 cm，宽 7～10 mm，顶端圆钝，表面古铜色，后变为黑色，光滑，常纵裂；内部松软，渐变中空；柄长 1～1.5 cm，或者近无柄，光滑。子囊壳埋生于子座内。孔口不显著。子囊圆柱形，有孢子部分 60 × 6 μm。子囊孢子不等边椭圆形或者长方形，6.5～8 × 4～4.5 μm。

生境：生于腐木上。

贵州(邓叔群 1963)。

纵纹炭角菌

Xylaria striata Pat. J. Bot. p. 247, 1887.

子座不分枝或者双歧分枝，长圆柱形，顶端有不孕小尖，长 7～10(～14) cm，宽 2～3 mm；表面黑褐色至黑色，光滑，有纵条纹的剥离层；内部白色；柄光滑。子囊壳球形，600～800 μm；孔口乳突状。子囊消解，顶环坛形，在 Melzer 试剂中呈蓝色，高 4～5 μm，宽 3～3.5 μm。子囊孢子浅褐色，不等边梭形，两端渐细，15～18(～20) × 4.8～5.5 μm，牙缝直，比孢子短很多。

生境：生于单子叶植物上。

云南、台湾(Ju and Rogers 1999)。

细弱炭角菌

Xylaria tenuis Mathieu ex Beeli, Bull. Soc. R. Bot. Belg. 56(1): 59, 1923; Teng, Fungi of China. p. 206, 1963; Tai, Sylloge Fungorum Sinicorum. p. 355, 1979.

子座不分枝，基部有长根，地上部分长 3～5 cm，头部披针形，宽 2～3.5 mm，顶端有不孕小尖，长 2～4.5 mm，表面黑色；内部白色；柄之地上部分长 22～33 mm，宽 1 mm，有纵向皱纹。子囊壳半埋生于子座内，直径 650 μm。子囊圆柱形，有孢子部分 85～105 × 6～6.5 μm。子囊孢子暗褐色，常不等边椭圆形，6.5～8 × 4～4.5 μm。

生境：生于地上。

海南、云南(邓叔群 1963)。

帝汶炭角菌

Xylaria timorensis Lloyd, Mycol. Writ. 6(Letter 61): 896, 1919; Teng, Fungi of China. p. 197, 1963; Tai, Sylloge Fungorum Sinicorum. p. 355, 1979.

子座短圆柱形或者瘤状，高 2～5 mm，宽 2～4 mm，顶端圆钝，表面褐色；内部木材色，后变空；近无柄。子囊壳近球形，直径约 500 μm。孔口外露、黑色。子囊圆柱形，有孢子部分 52～65 × 4.5～5.5 μm。子囊孢子褐色，不等边椭圆形，7.5～10 × 4～4.5 μm。

生境：生于木头上。

海南、云南(邓叔群 1963)。

三色炭角菌

Xylaria tricolor Fr., Nova Acta R. Soc. Scient. Upsal., Ser. 3, 1(1): 128, 1851 [1855]; Tai, Sylloge Fungorum Sinicorum. p. 355, 1979.

生境：生于树桩上。

西藏(Roumeguere 1880，戴芳澜 1979)。

参考文献

毕志树, 郑国扬, 李泰辉. 1994. 广东大型真菌志. 广州: 广东科技出版社: 1-879

戴芳澜. 1979. 中国真菌总汇. 北京：科学出版社: 1-1527

邓叔群. 1963. 中国的真菌. 北京：科学出版社: 1-808

董兆梁. 1998. 复方灵参胶囊治疗晚期肿瘤患者临床效果的探讨. 白蚁科技, 15(1): 32-33

李赛飞，文华安. 2007. 药用炭角菌的培养及活性成分研究进展. 菌物学报增刊, 26: 317-323

李玉祥, 李慧君. 1994. 炭角菌一新种. 南京农业大学学报, 17(3): 145-147

马海霞. 2011. 中国炭角菌科几个属的分类与分子系统学研究. 长春: 吉林农业大学: 1-176

卯晓岚. 2000. 中国大型真菌. 郑州：河南科学技术出版社: 1-719

朱志熊, 张泽文, 张平, 等. 2005. 黑柄炭角菌的菌种分离及其培养特性. 中国食用菌, 24 (5): 15-18

Abe Y, Liu Z L. 1995. An Annotated List of Xylariaceous and Diatrypaceous Fungi Collected from Mt. Fengyangshan and Mt. Baishanzu, Zhejiang Prov. in East China. Bull Natn Sci Mus, Ser B, 21(2): 75-86

Beckett A, Crawford R M, 1973. The development and fine structure of the ascus apex and its role during spore discharge in *Xylaria longipes*. New Phytologist, 72(2): 357-369

Carroll G. 1963. Studies in the flora of Thailand 24. Pyrenomycetes. Dansk Bot Ark, 23: 101-114

Chou Z H. 1935. Notes on some fungi from Kweichow. Bulletin of the Fan Memorial Institute of Biology (Botany), 6:161-166

Ciccarone A. 1946. Alcune osservazioni su una forma di *Xylaria sicula* Pass. e Beltr. Nuovo Giorn. Bot Ital (n.s.), 53: 356-358

Dennis R W G. 1956. Some *Xylarias* of Tropical America. Kew Bull, 11: 401-444

Dennis R W G. 1957. Further notes on tropical American Xylariaceae. Kew Bull, 12: 297-332

Dennis R W G. 1958a, *Xylaria* versus *Hypoxylon* and *Xylosphaera*. Kew Bull, 13(1): 101-106

Dennis R W G. 1958b, Ascomycetes Collected by Dr. R. Singer in Bolivia and North Argentina. Kew Bull, 13(1): 151-154

Dennis R W G. 1958c. Some Xylosphaeras of tropical Africa. Revista Biol Lisboa, 1: 175-208

Dennis R W G. 1961. Xylarioideae and Thamnomycetoideae of Congo. Bull Jard Botan de l'État (Bruxelles), 31: 109-154

Dennis R W G. 1970. Fungus flora of Venezuela and adjacent countries. Kew Bull Additional series 3. J. Cramer, 1- 531

Dennis R W G. 1974. Xylariaceae from Papua and New Guinea. Bull Mens Soc Linn Lyon, num spéc, 43: 127-138

Fries N. 1851. Novae symbolae mycologicae. Nov Acta Reg Soc Sci Upsal ser 3, 1: 17-136

Hennings P. 1901. Fungi Indiae Orientalis II cl. W. Collan a 1900 collectii. Hedwigia, 40:323-342

Hennings P. 1908. Fungi Philippinenses I. Hedwigia, 47: 250-265

Hladki A I, Romero A I. 2010. A preliminary account of *Xylaria* in the Tucuman Province, Argentina, with a key to the known species from the Northern Provinces. Fungal Diversity, 42(1): 79-96

Huang G, Guo L, Liu N. 2014a. *Xylaria byttneriae* sp. nov. from Yunnan Province in China. Mycosystema,

33: 567-570

Huang G, Guo L, Liu N. 2014b. Two new species of *Xylaria* and *X. diminuta* new to China. Mycotaxon, 129: 149-152

Huang G, Wang R S, Guo L, et al. 2015. Three new species of *Xylaria* from China. Mycotaxon, 130: 299-304

Ju Y M, Tzean S S. 1985. Investigations of Xylariaceae in Taiwan I. The Teleomorph of *Hypoxylon*. Trans Mycol Soc R O C, 1(1): 13-27

Ju Y M, Rogers J D. 1999. The Xylariaceae of Taiwan (excluding *Anthostomella*). Mycotaxon, 73: 343-440

Ju Y M, Hsieh H M. 2007. *Xylaria* species associated with nests of *Odontotermes formosanus* in Taiwan. Mycologia, 99: 936-957

Ju Y M, Hsieh H M, He X S. 2011. *Xylaria coprinicola*, a new species that antagonizes cultivation of *Coprinus comatus* in China. Mycologia, 103: 424-439

Krisai-Greilhuber I, Jaklitsch M. 2008. A re-description of *Xylaria phosphorea*. Mycotaxon, 104: 89-96

Kshirsagar A S, Rhatwal S M, Gandhe R V. 2009. The genus *Xylaria* from Maharashtra, India. Indian Phytopathology, 62(1): 54-63

Læssøe T. 1993. *Xylaria digitata* and its allies-delimitation and typification II. Persoonia, 15:149-153

Læssøe T. 1999. The *Xylaria comosa* Complex. Kew Bull, 54: 605-619

Læssøe T, Lodge D J. 1994. Three host-specific *Xylaria* species. Mycologia, 86: 436-446

Li S F, Wen H A. 2008. Antioxidant activities of bioactive components from *Xylaria gracillima* in submerged culture. Mycosystema, 27 (4): 587-593

Lloyd C G. 1918a. *Xylaria* notes no. 1. Mycol Writings, 5: 1-16

Lloyd C G. 1918b. *Xylaria* notes no. 2. Mycol Writings, 5: 17-32

Lloyd C G. 1919. Mycological notes No. 61. Mycol Writings, 6: 877-903

Lloyd C G. 1920. Mycological notes No. 62. Mycol Writings, 6: 904-944

Lloyd C G. 1921. Mycological notes No. 65. Mycol Writings, 6: 1029-1101

Ma H X, Vasilyeva L N, Li Y. 2011a. A new species of *Xylaria* from China. Mycotaxon, 116: 151-155

Ma H X, Vasilyeva L N, Li Y. 2011b. *Xylaria choui*, a new species from China. Sydowia, 63: 79-83

Ma H X, Vasilyeva L N, Li Y. 2012a. The genus *Xylaria* in the south of China–3. *X. atroglobosa* sp. nov. Mycotaxon, 119: 381-384

Ma H X, Li Y, Vasilyeva L N. 2012b. The genus *Xylaria* in the south of China – 5. Three new records in the China Mainland. Österr Z Pilzk, 21: 61-67

Ma H X, Vasilyeva L N, Li Y. 2013a. The genus *Xylaria* in the south of China–4. *X. hemisphaerica* sp. nov. Mycosystema, 32: 602-605

Ma H X, Vasilyeva L N, Li Y. 2013b. The genus *Xylaria* (Xylariaceae) in the south of China–6. A new *Xylaria* species based on morphological and molecular characters. Phytotaxa, 147(2):48-54

Ma H X, Vasilyeva L N, Li Y. 2013c. The genus *Xylaria* in the south of China–7. Two penzigioid *Xylaria* species. Sydowia, 65 (2): 329-335

Ma H X, Vasilyeva L N, Li Y. 2013d. *Xylaria* in southern China–8. *X. bannaensis* sp. nov. and *X. brunneovinosa* new to the mainland. Mycotaxon, 125: 251-256

Martin P. 1970. Studies in the Xylariaceae: VIII *Xylaria* and its allies. J S Afr Bot, 36(2): 73-138

Miller J H. 1942. South African Xylariaceae. Bothalia, 4: 251-272

Penzig O, Saccardo P A. 1904. Icones Fungorum Javanicorum. Leiden: E J Brill: 1-124

Rehm H. 1913. Ascomycetes Philippinenses collecti a clar. C.F. Baker. Philipp J Sci C Bot, 8(2): 181-194

Reid D A, Pegler D N, Spooner B M. 1980. An Annotated List of the Fungi of the Galapagos Islands. Kew Bull, 35(4): 847-892

Rogers J D. 1979a. The Xylariaceae: systematic, biological and evolutionary aspects. Mycotaxon, 71, 1: 22

Rogers J D. 1979b. *Xylaria magnoliae* sp. nov. and comments on several other fruit-inhabiting species. Can J Bot, 57: 941-945

Rogers J D. 1983. *Xylaria bulbosa*, *Xylaria curta*, and *Xylaria longipes* in continental United States. Mycologia, 75: 457-467

Rogers J D. 1984a. *Xylaria acuta*, *Xylaria cornu-damae*, and *Xylaria mali* in continental United States. Mycologia, 76: 23-33

Rogers J D. 1984b. *Xylaria cubensis* and its anamorph *Xylocoremium flabelliforme*, *Xylaria allantoidea*, and *Xylaria poitei* in continental United States. Mycologia, 76: 912-923

Rogers J D. 1985. Anamorphs of *Xylaria*: Taxonomic Considerations. Sydowia, 38: 255-262

Rogers J D. 1986. Provisional keys to *Xylaria* species in continental United States. Mycotaxon, 26: 85-97

Rogers J D, Callan B E. 1986. *Xylaria polymorpha* and its allies in continental United States. Mycologia, 78: 391-400

Rogers J D, Ju Y M. 1998a. Keys to the Xylariaceae (excluding *Anthostomella*) of the British Isles. Bot J Scot, 50: 153-160

Rogers J D, Ju Y M. 1998b. The genus *Kretzchmaria*. Mycotaxon, 68: 345-393

Rogers J D, Samuels G J. 1986. Ascomycetes of New Zealand 8. *Xylaria*. New Zealand J Bot, 24: 615-650

Rogers J D, Callan B E. Samuels G J. 1987. The Xylariaceae of the rain forests of North Sulawesi (Indonesia). Mycotaxon, 29: 113-172

Rogers J D, Callan B E, Rossman A Y, et al. 1988. *Xylaria* (Sphaeriales, Xylariaceae) from Cerro de la Neblina, Venezuela. Mycotaxon, 31: 103-153

Rogers J D, Ju Y M, Hemmes D E. 1992. *Hypoxylon rectangulosporum* sp. nov., *Xylaria psidii* sp. nov., and comments on taxa of *Podosordaria* and *Strmatoneurospora*. Mycologia, 84: 166-172

Rogers J D, Ju Y M, Hemmes D E. 1997. *Xylaria moelleroclavus* sp. nov. and its *Moelleroclavus* anamorphic state. Mycol Res, 101: 345-348

Rogers J D, Ju Y M, Lehmann J. 2005. Some *Xylaria* species on termite nests. Mycologia, 97: 914-923

Rogers J D, San Martín F, Ju Y M. 2002. A reassessment of the *Xylaria* on *Liquidambar* fruits and two new taxa on *Magnolia* fruits. Sydowia, 54: 91-97

Roumeguere C. 1880. Fungi in reg. div. Australiae et Asiae a Jul. Remy collecti 1863-1866. Rev Mycol, 2: 152-154

San Martín F, Rogers J D. 1989. A preliminary account of *Xylaria* of Mexico. Mycotaxon, 34: 283-373

San Martín F, Rogers J D. 1995. Notas sobre la historia, relaciones de hospedante y distribucion del genero *Xylaria* (pyrenomycetes, sphaeriales) en Mexico. Acta Botanica Mexicana, 30: 21-40

San Martín F, Lavín P. 2001. Some species of *Xylaria* (hymenoascomycetes, xylariaceae) associated with oaks in Mexico. Mycotaxon, 79: 13

San Martín F, Rogers J D, Lavín P. 1997. Algunas especies de *Xylaria* (Pyrenomycetes, Sphaeriales) habitantes en hojarasca de bosques mexicanos. Rev Mex Micol, 13: 58-69

San Martín F, Lavín P, Pérez-Silva E, et al. 1999. New records of Xylariaceae of Sonora, México. Mycotaxon, 71: 129-134

Sawada K. 1928. Descriptive catalogue of the Formosan fungi. Part IV. Rep Dept Agr Gov't Res Inst Formosa, 35: 1-123

Sawada K. 1931. Descriptive catalogue of the Formosan fungi. Part V. Rep Dept Agr Gov't Res Inst Formosa, 51: 1-131

Sawada K. 1933. Descriptive catalogue of the Formosan fungi. Part VI. Rep Dept Agr Gov't Res Inst Formosa, 61: 1-99

Sawada K. 1959. Descriptive catalogue of Taiwan (Formosan) fungi XI. *In*: Imazeki R, Hiratsuka N, Asuyama H. Special Publication no 8, College of Agriculture, National Taiwan University. 1-268

Schumacher T. 1982. Ascomycetes from northern Thailand. Nord J Bot, 2: 257-263

Stadler M, Hellwig V. 2005. Chemotaxonomy of the Xylariaceae and remarkable bioactive compounds from Xylariales and their associated asexual stages. Renc Res Dev Phytoch, 9: 41-93

Theissen F. 1909. Xylariaceae Austro-Brasilienses. I. *Xylaria*. Denkschr Marh-Ll d k Akad d Wiss Wien, 83: 47-86

Thind K, Waraitch K S. 1969. Xylariaceae of India III. Proceedings: Plant Sciences, 70(3): 131-138

Toro R. 1927. Fungi of Santo Domingo: I. Mycologia, 19: 66-85

Trierveiler-Pereira L, Romero A I, Baltazar J M, et al. 2009. Addition to the knowledge of Xylaria (Xylariaceae, Ascomycota) in Santa Catarina, Southern Brazil. Mycotaxon, 107: 139-156

Van der Gucht K. 1995. Illustrations and descriptions of xylariaceous fungi collected in Papua New Guinea. Bull Jard Bot Nat Belg, 64: 219-403

Van der Gucht K. 1996. *Xylaria* species from Papua New Guinea: Cultural and anamorphic studies. Mycotaxon, 60: 327-360

Whalley A J S. 1985. The Xylariaceae: Some ecological considerations. Sydowia, 38: 369-382

Whalley A J S. 1987. *Xylaria* inhabiting fallen fruits. Agarica, 8: 68-72

Whalley M A, Ju Y M, Rogers J D, et al. 2000. New Xylariaceous fungi from Malaysia. Mycotaxon, 74: 135-140

Xu A S. 1999. A new species of *Xylaria*. Mycosystema, 18(2): 137-140

Zhu Y F, Guo L. 2011. *Xylaria hainanensis* sp. nov. (Xylariaceae) from China. Mycosystema, 30: 526-528

Zhuang W Y. 2001. Higher Fungi of Tropical China. New York: Mycotaxon Ltd, Ithaca: 1-485

索　引

真菌汉名索引

Y

Z

真菌学名索引

图　　版

图版 I

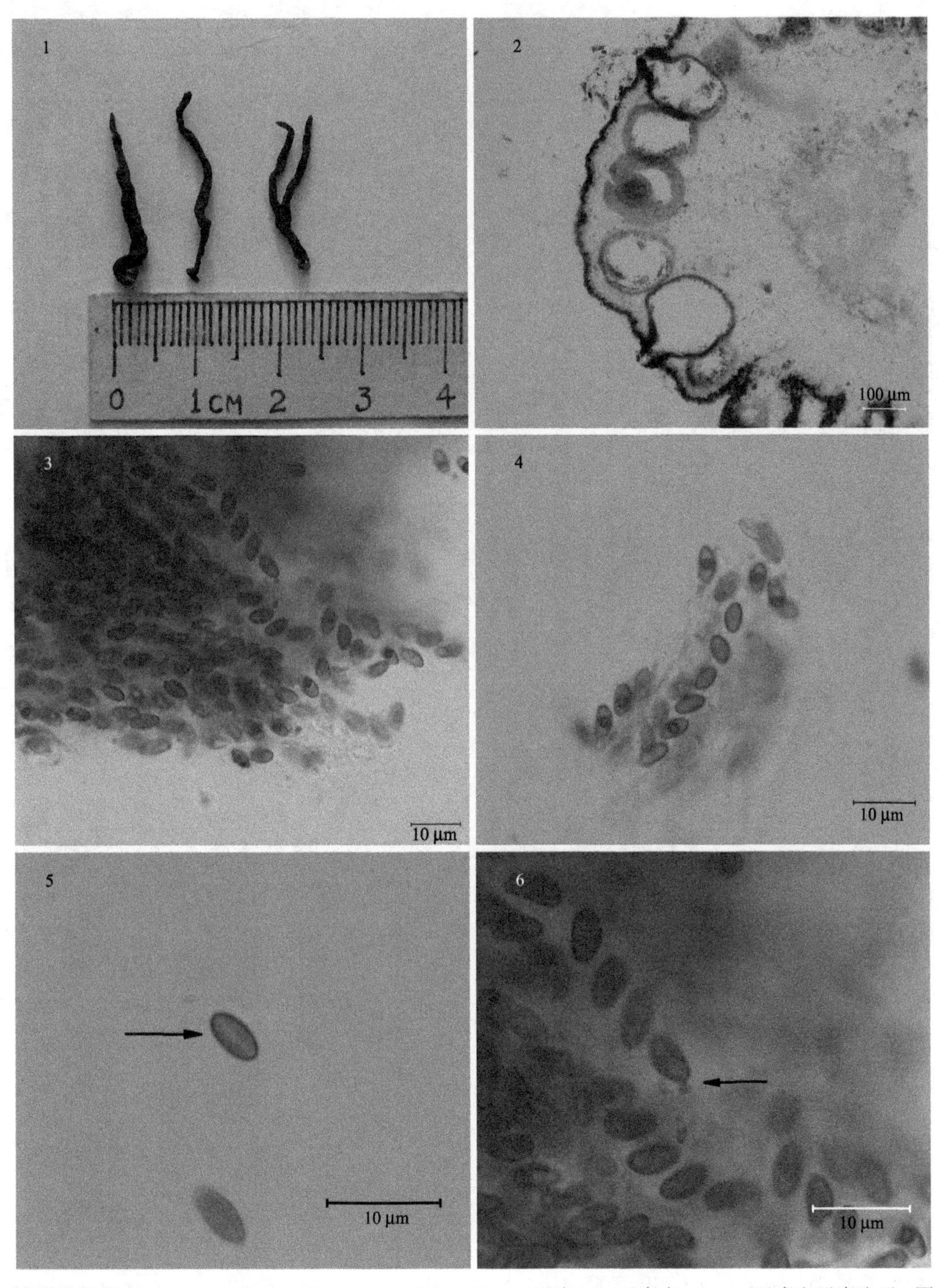

钝顶炭角菌 *Xylaria aemulans* Starbäck (HMAS 30818)。1. 子座；2. 子囊壳；3～6. 子囊和子囊孢子 (图 5 箭头示芽缝，图 6 箭头示顶环)。

图版 II

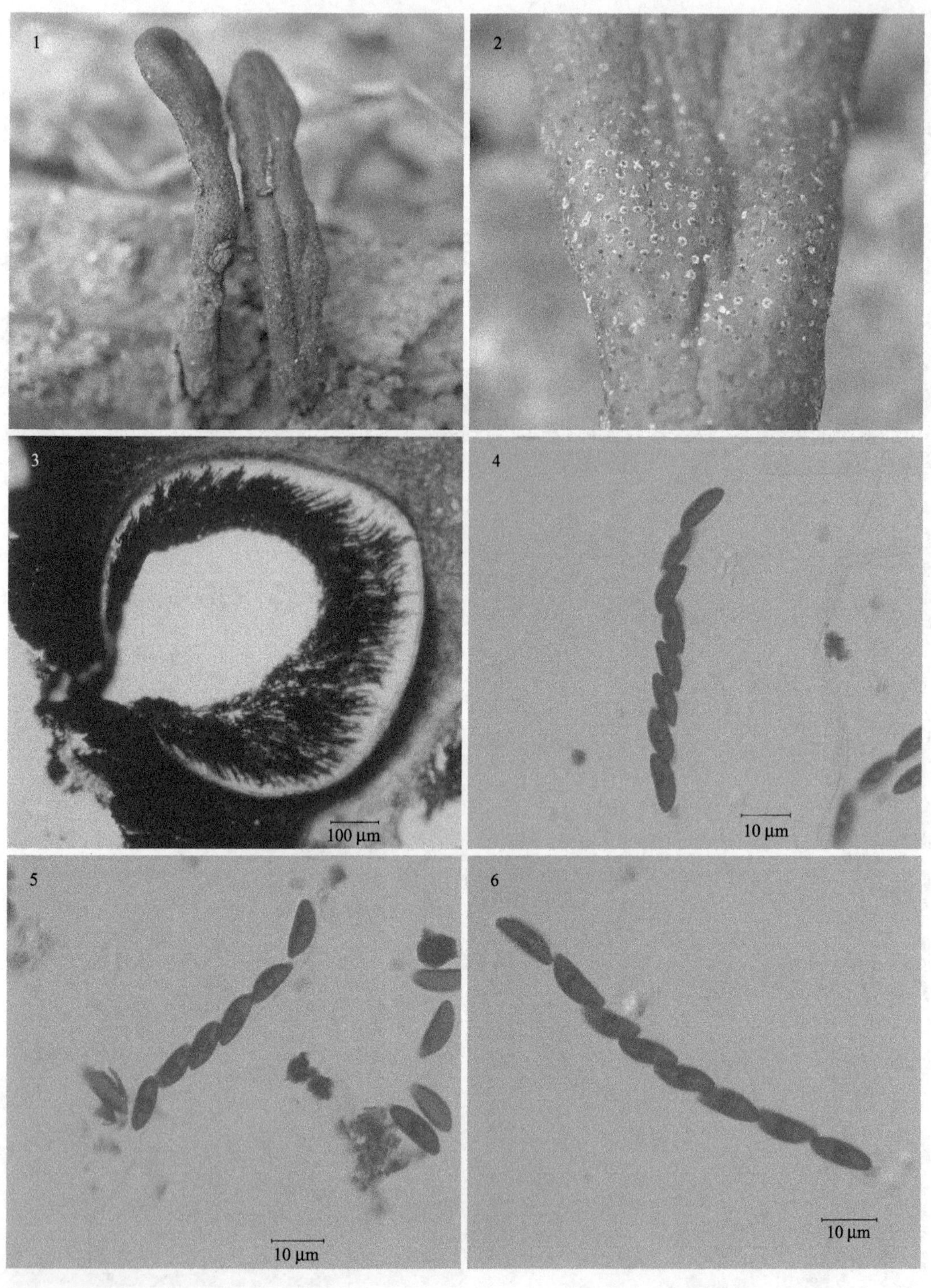

蕉孢炭角菌 *Xylaria allantoidea* (Berk.) Fr. (HMAS 269915)。1. 子座；2. 子座表面；3. 子囊壳；4~6. 子囊和子囊孢子。

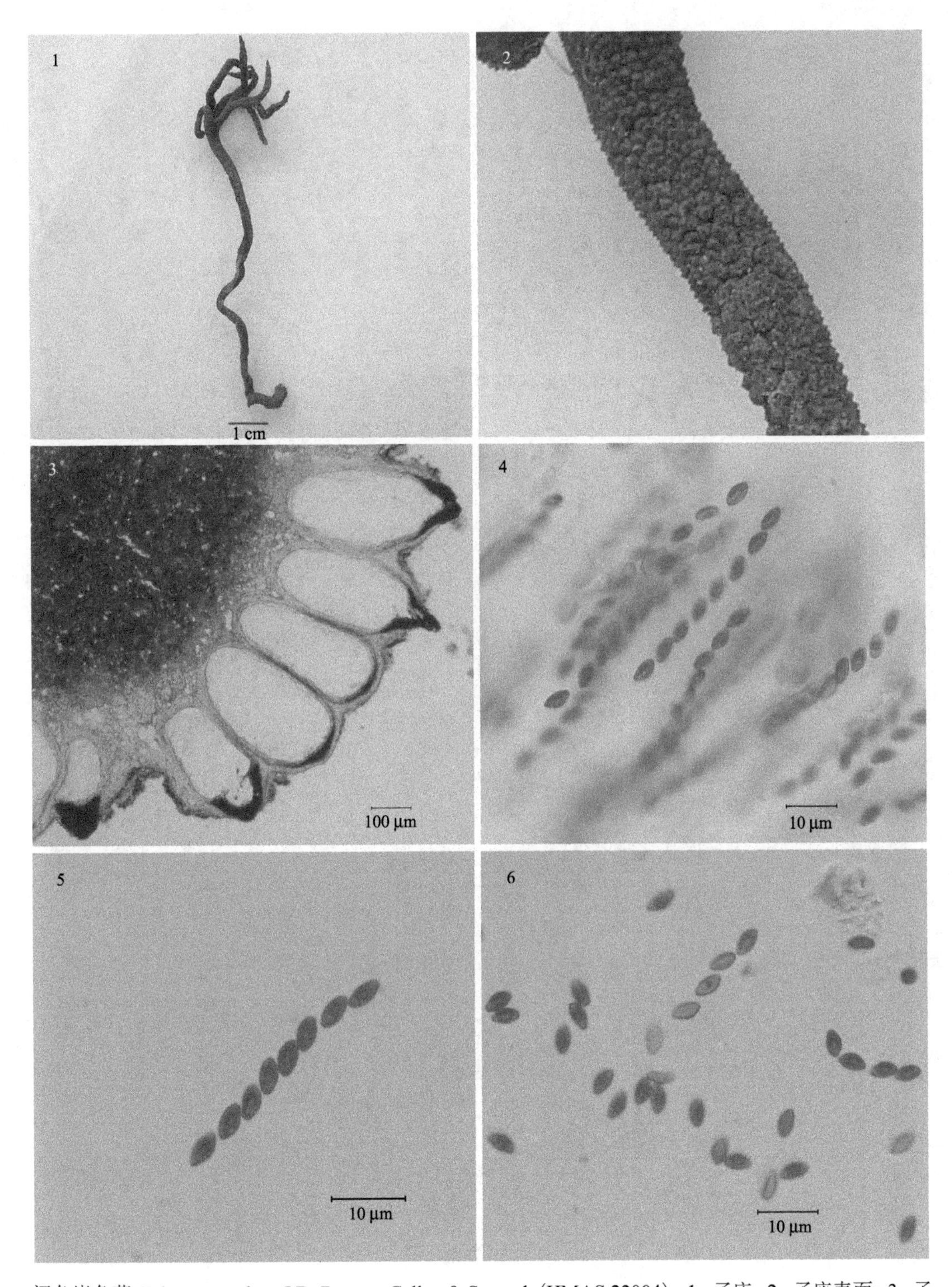

阔角炭角菌 *Xylaria angulosa* J.D. Rogers, Callan & Samuels (HMAS 22004)。1. 子座；2. 子座表面；3. 子囊壳；4~6. 子囊和子囊孢子。

图版 IV

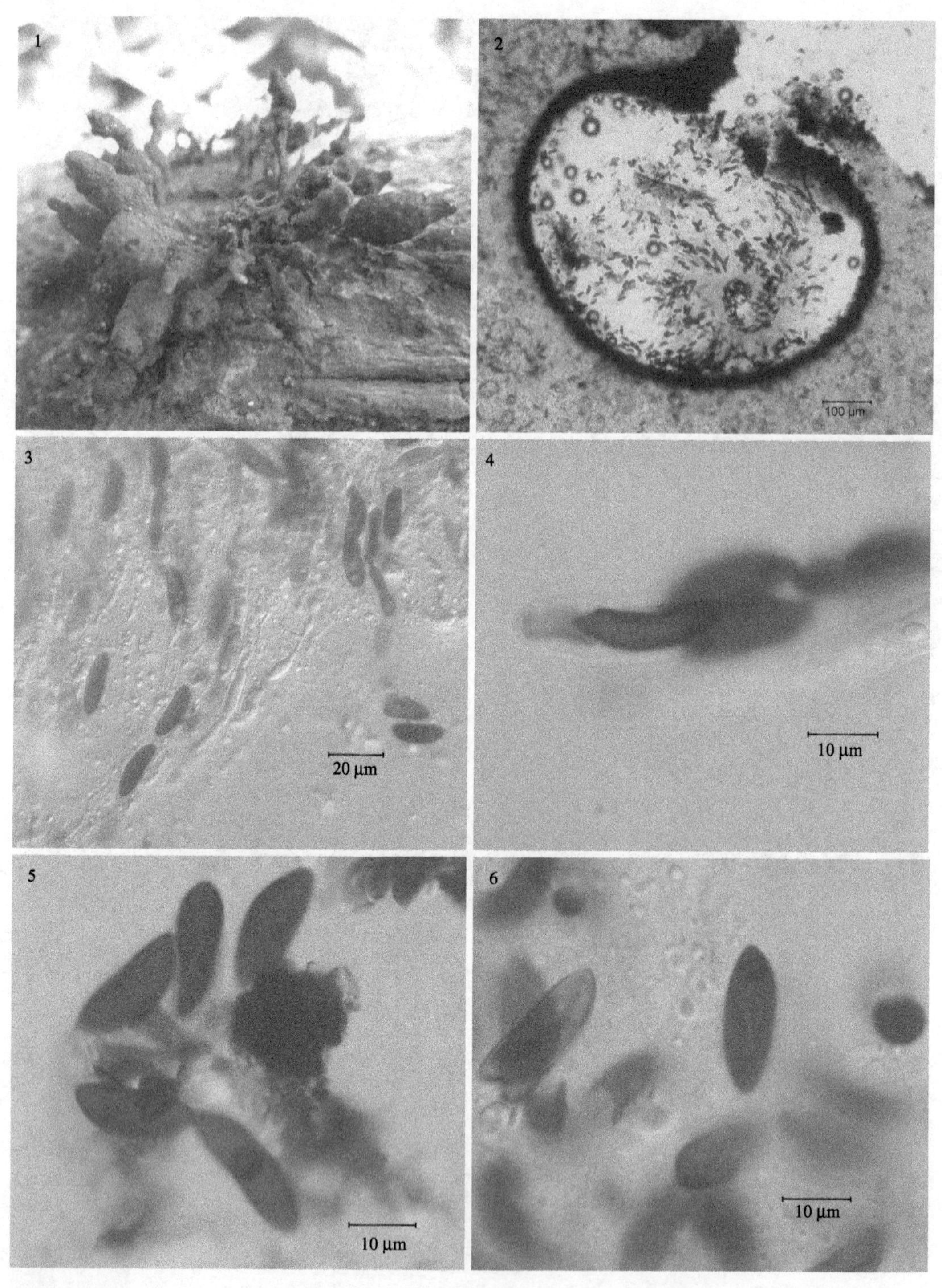

葚座炭角菌 *Xylaria anisopleura* (Mont.) Fr. (HMAS 267053)。1.子座；2.子囊壳；3、4.子囊和子囊孢子；5、6.子囊孢子。

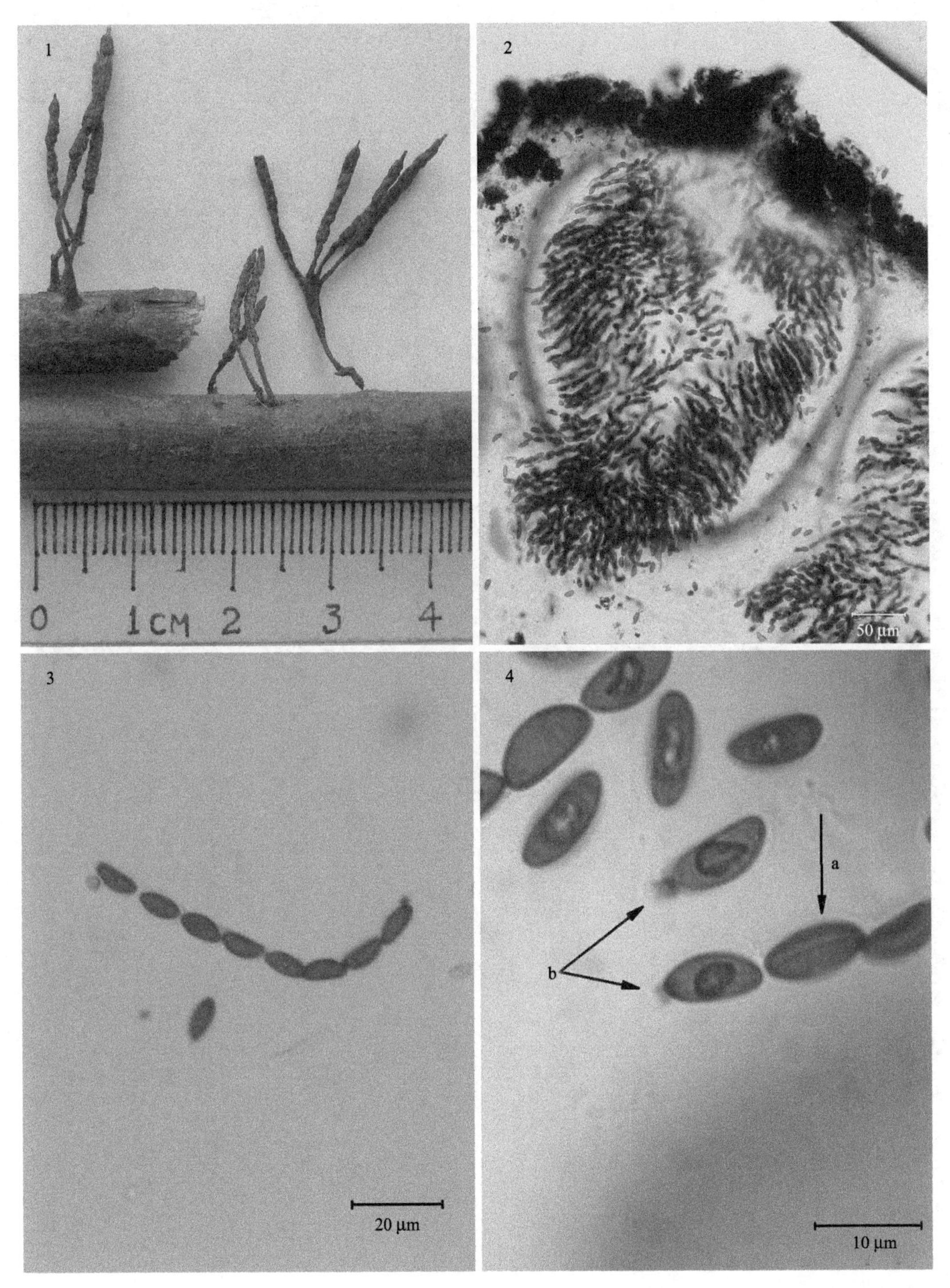

锐顶炭角菌 *Xylaria apiculata* Cooke (HMAS 29648)。1.子座；2.子囊壳；3、4.子囊和子囊孢子(图 4 箭头 a 示芽缝，箭头 b 示顶环)。

图版 VI

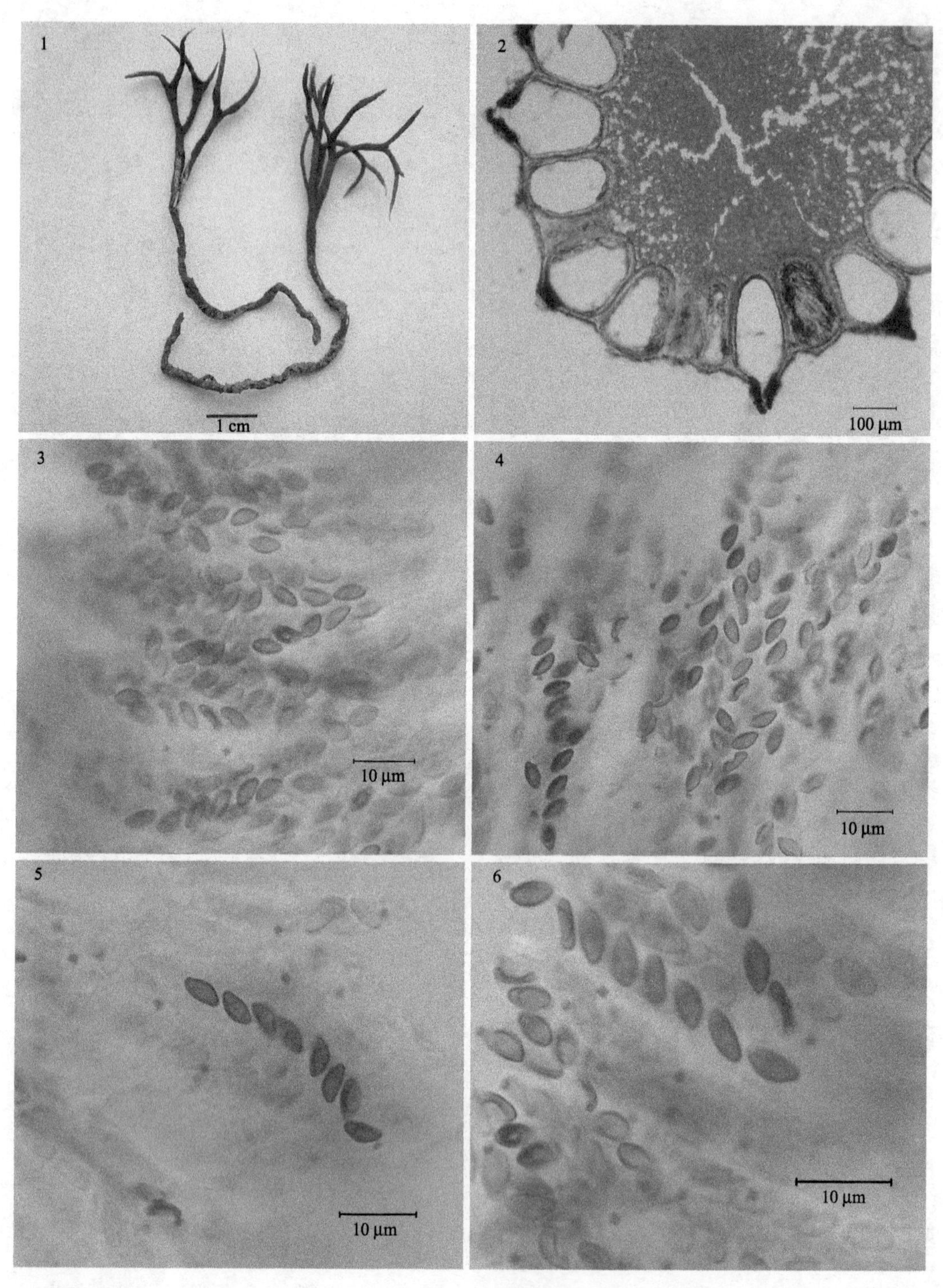

黑叉炭角菌 *Xylaria atrodivaricata* Y.M. Ju & H.M. Hsieh（HMAS 47459）。1.子座；2.子囊壳；3~6.子囊和子囊孢子。

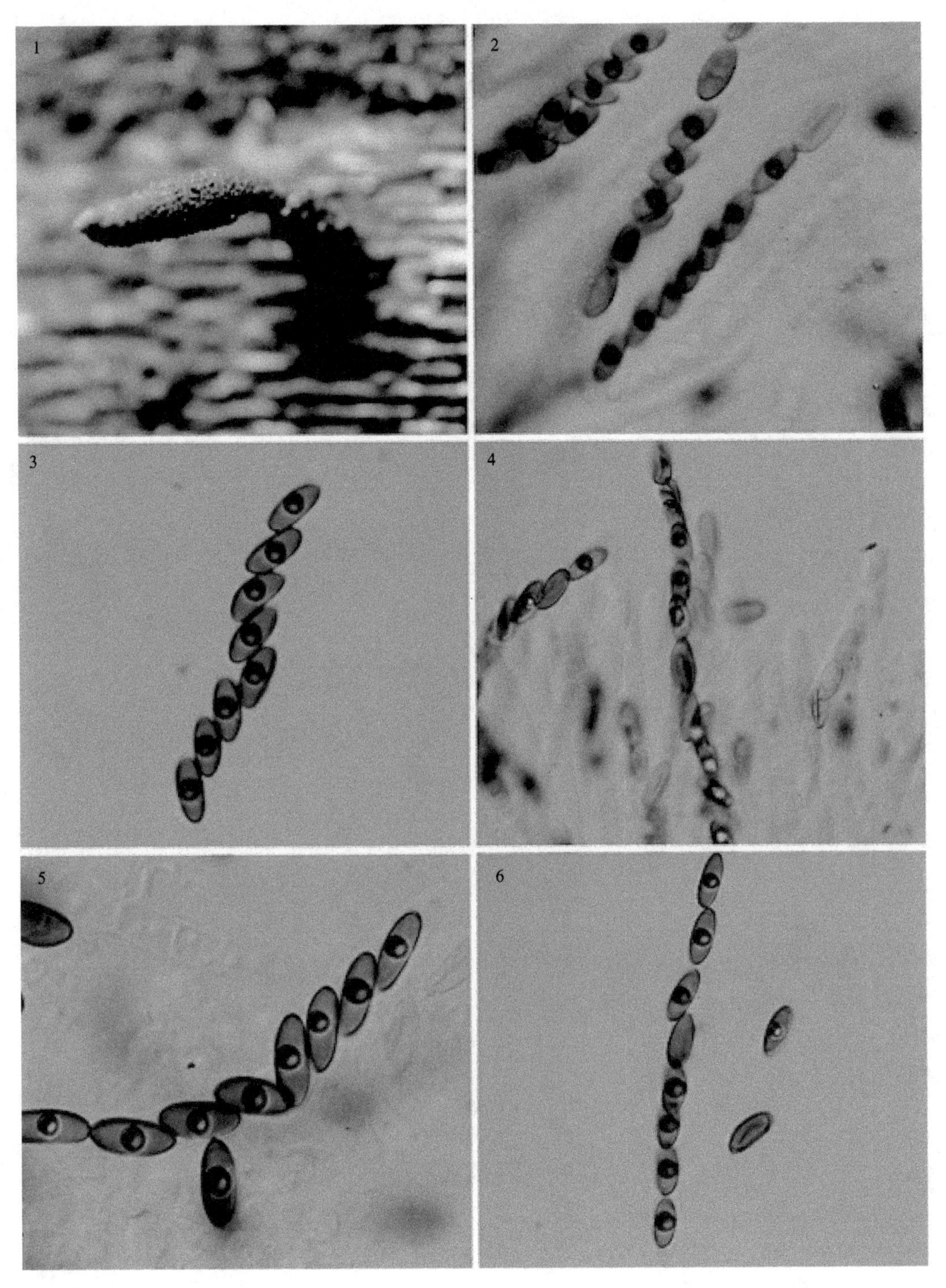

暗棕炭角菌 *Xylaria badia* Pat. (HMAS 269984)。1. 子座；2~6 子囊和子囊孢子。

图版 VIII

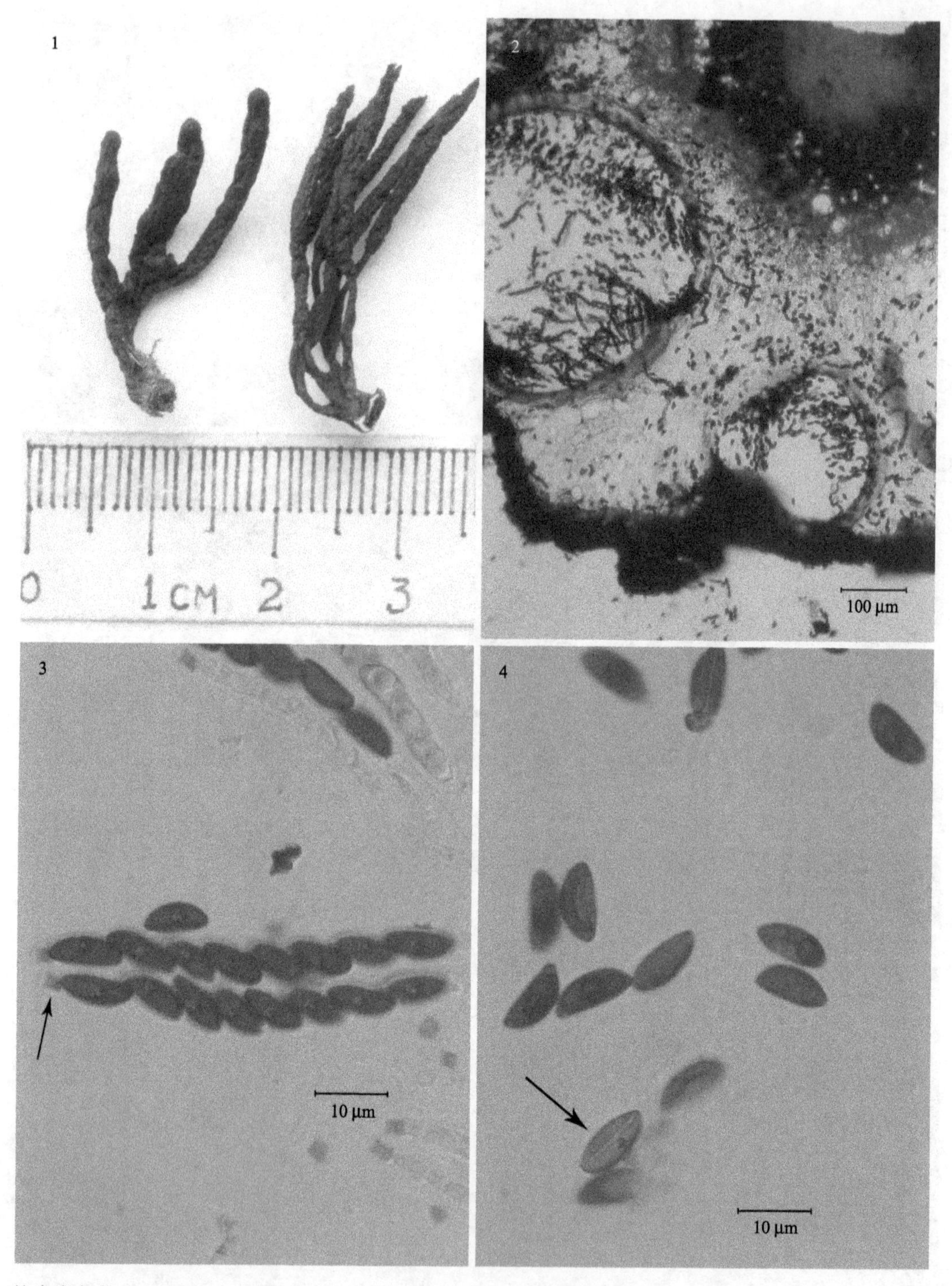

竹生炭角菌 *Xylaria bambusicola* Y.M. Ju & J.D. Rogers (HMAS 265122)。1. 子座；2. 子囊壳；3. 子囊和子囊孢子(箭头示顶环)；4. 子囊孢子(箭头示芽缝)。

图版 IX

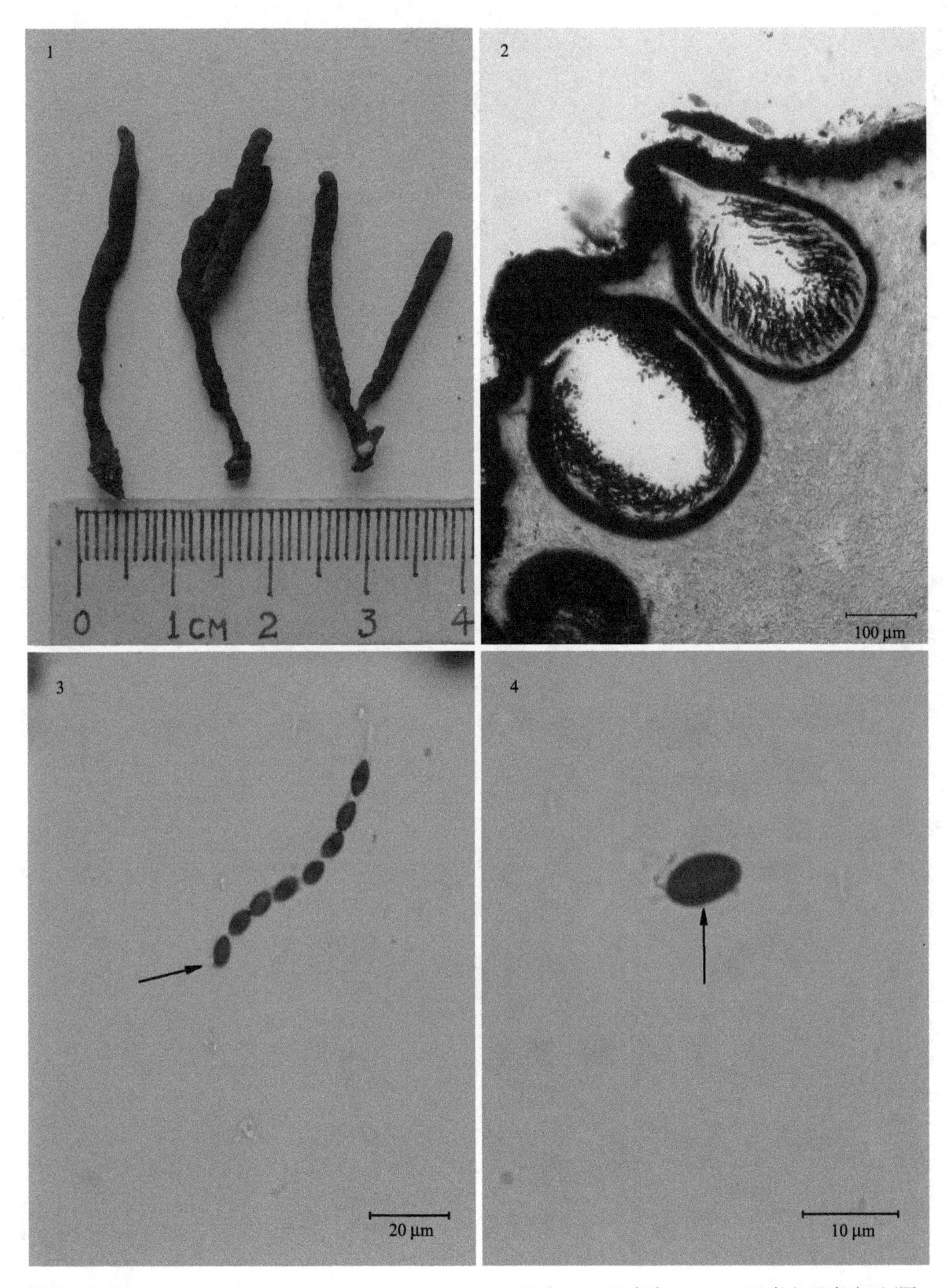

棒状炭角菌 *Xylaria beccarii* Lloyd (HMAS 30822)。1. 子座；2. 子囊壳；3、4. 子囊和子囊孢子(图 3 箭头示顶环，图 4 箭头示芽缝)。

图版 X

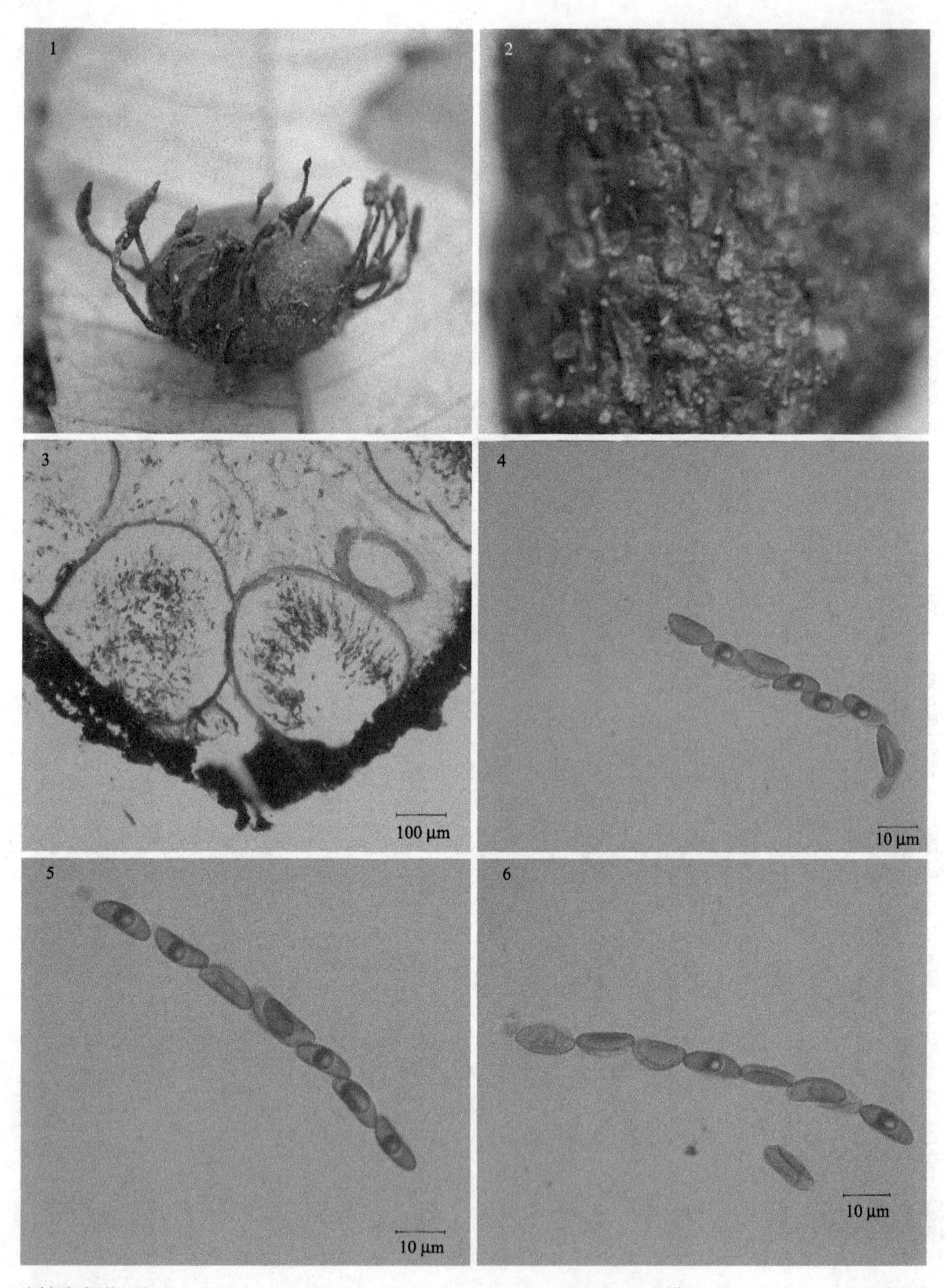

琼楠炭角菌 *Xylaria beilschmiediae* G. Huang & L. Guo (HMAS 269888，主模式)。1. 子座；2. 子座表面；3. 子囊壳；4~6.子囊和子囊孢子。

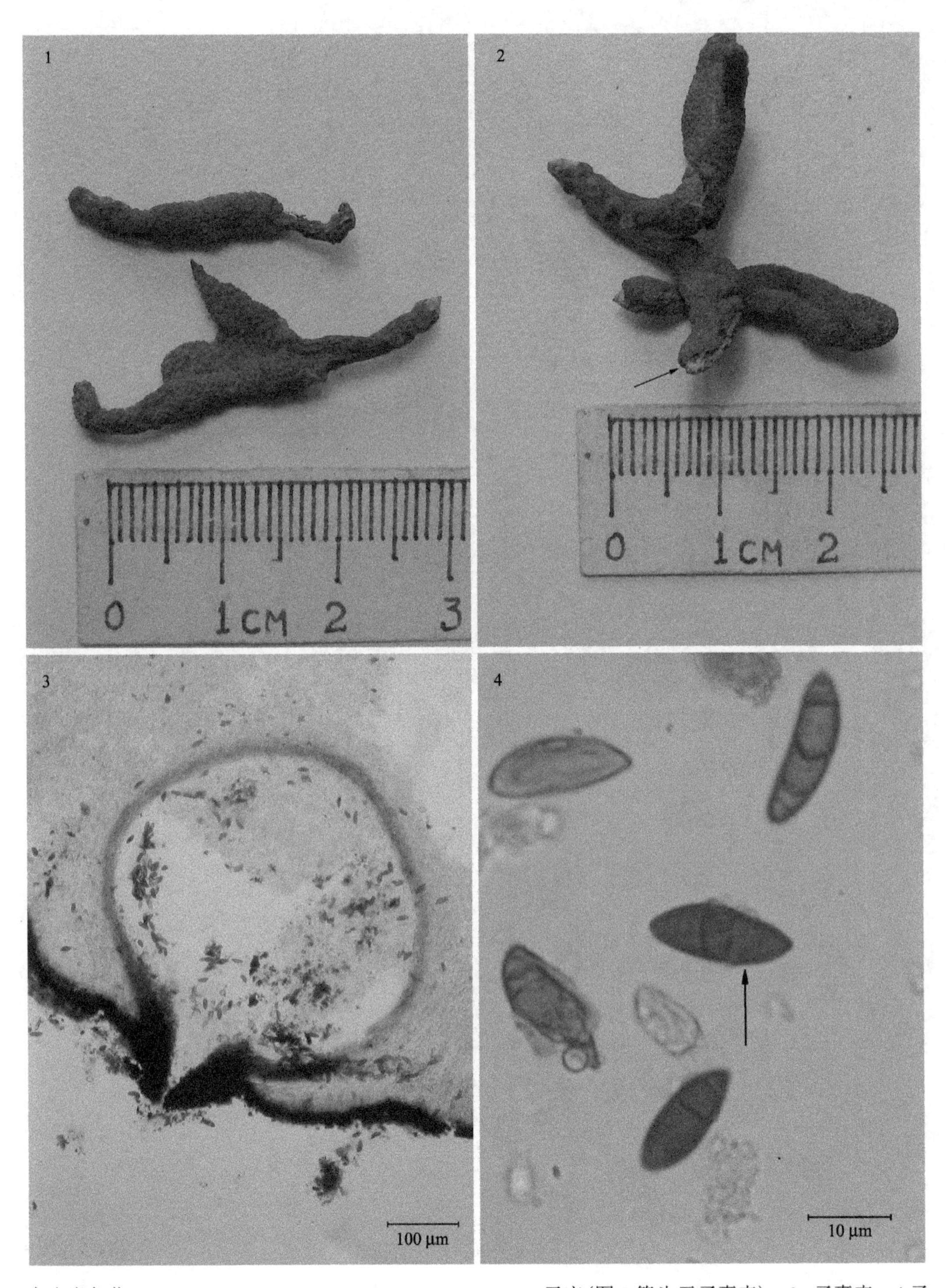

大孢炭角菌 *Xylaria berkeleyi* Mont. (HMAS 32732)。1、2. 子座(图 2 箭头示子囊壳)；3. 子囊壳；4.子囊孢子(箭头示芽缝)。

图版 XII

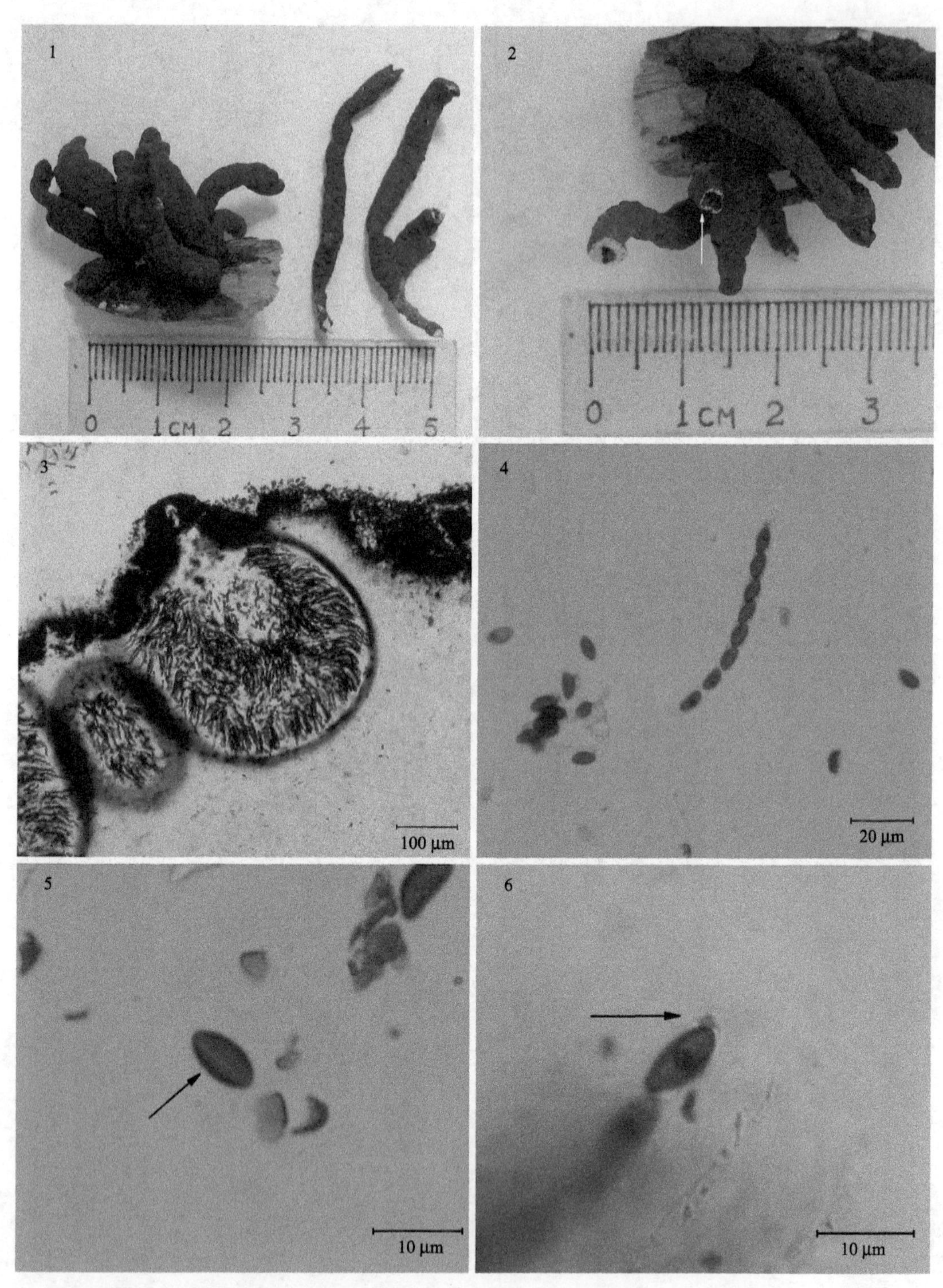

从生炭角菌 *Xylaria bipindensis* Lloyd (HMAS 30828)。1、2. 子座(图 2 箭头示子囊壳)；3. 子囊壳；4~6. 子囊和子囊孢子(图 5 箭头示芽缝，图 6 箭头示顶环)。

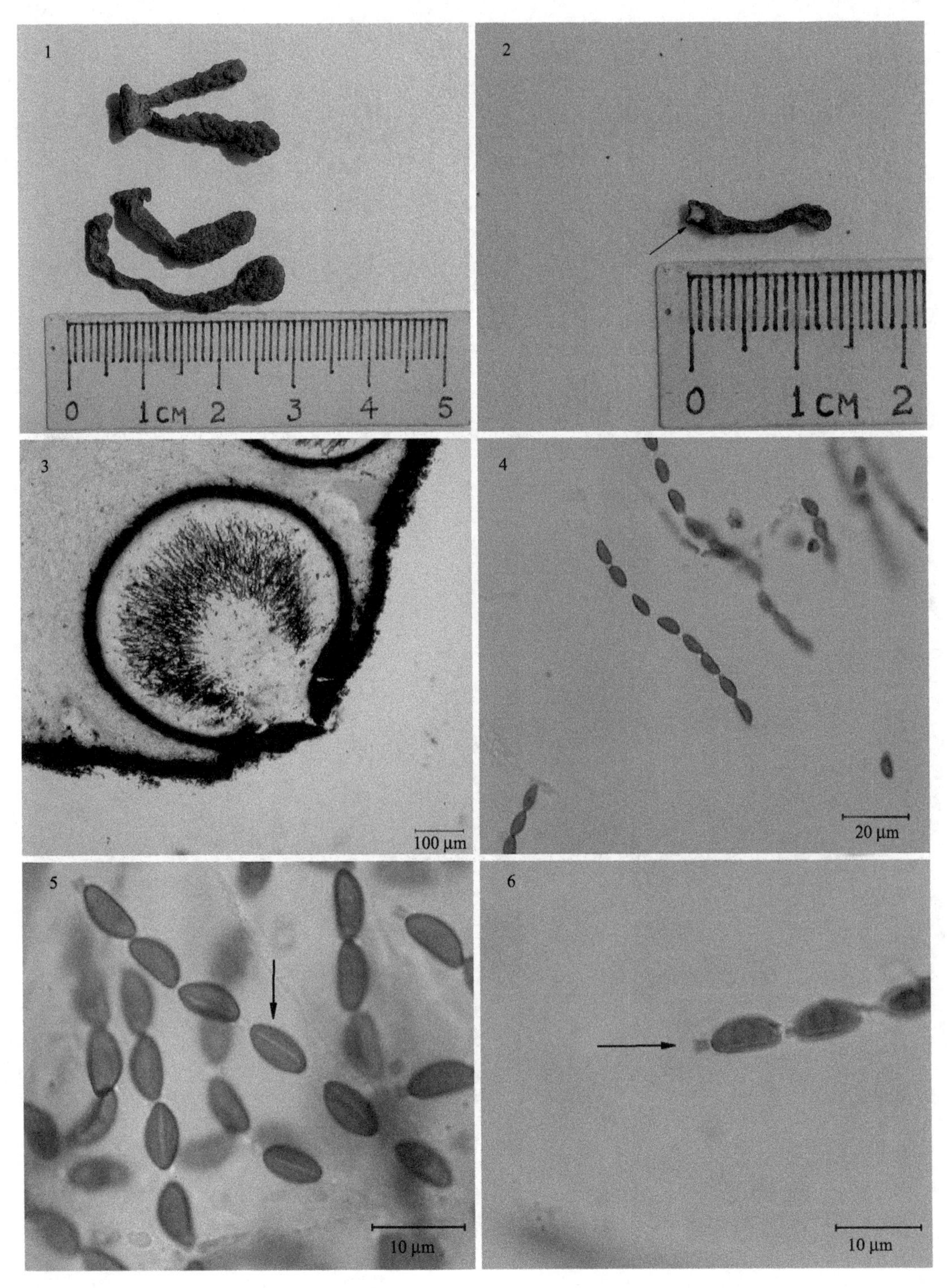

串珠炭角菌 *Xylaria botuliformis* Rehm (HMAS 27785)。1、2. 子座(图 2 箭头示子囊壳)；3. 子囊壳；4~6. 子囊和子囊孢子(图 5 箭头示芽缝，图 6 箭头示顶环)。

图版 XIV

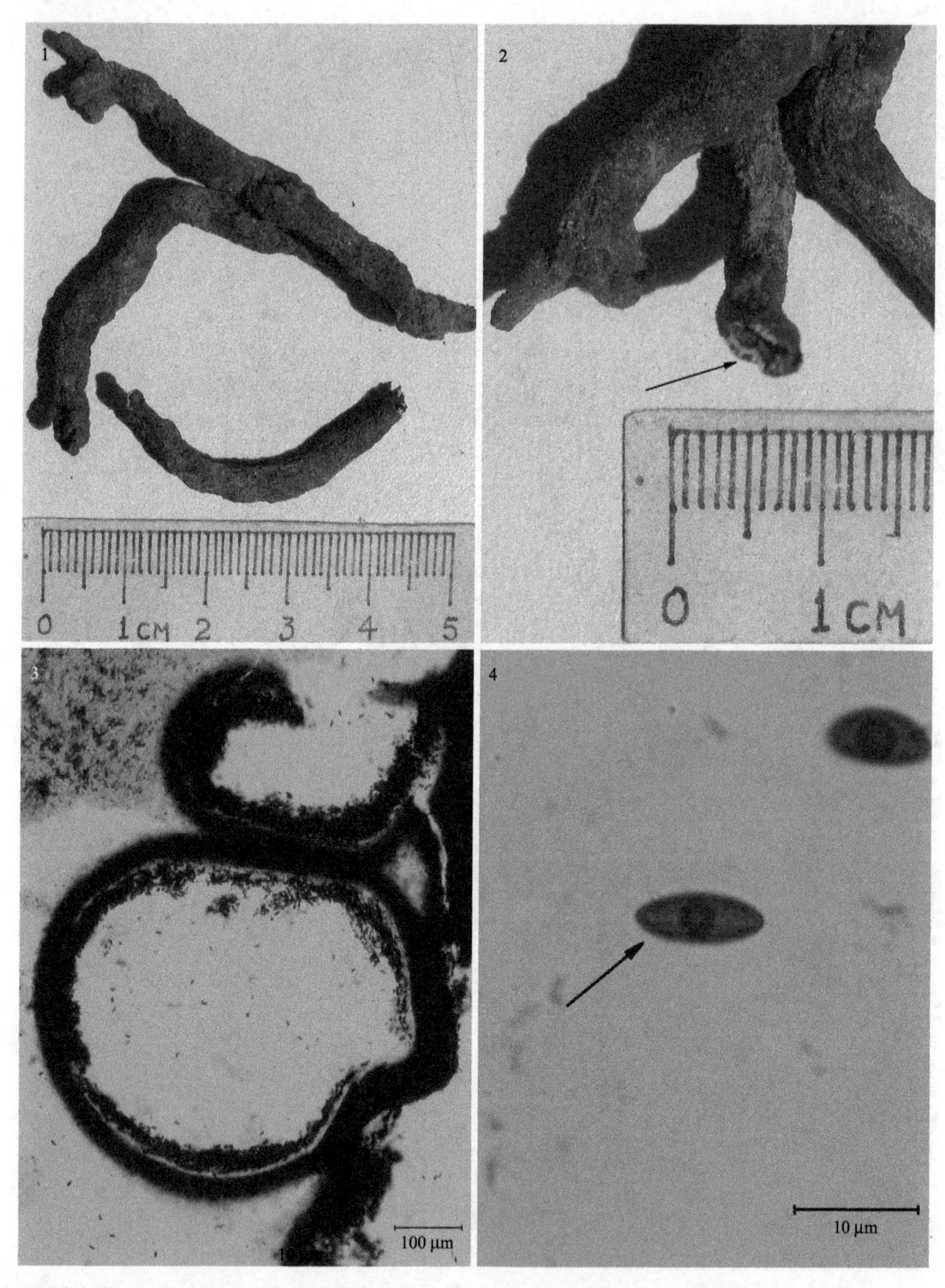

巴西炭角菌 *Xylaria brasiliensis* (Theiss.) Lloyd (HMAS 29649)。 1、2. 子座(图 2 箭头示子囊壳)；3. 子囊壳；4.子囊孢子(箭头示芽缝)。

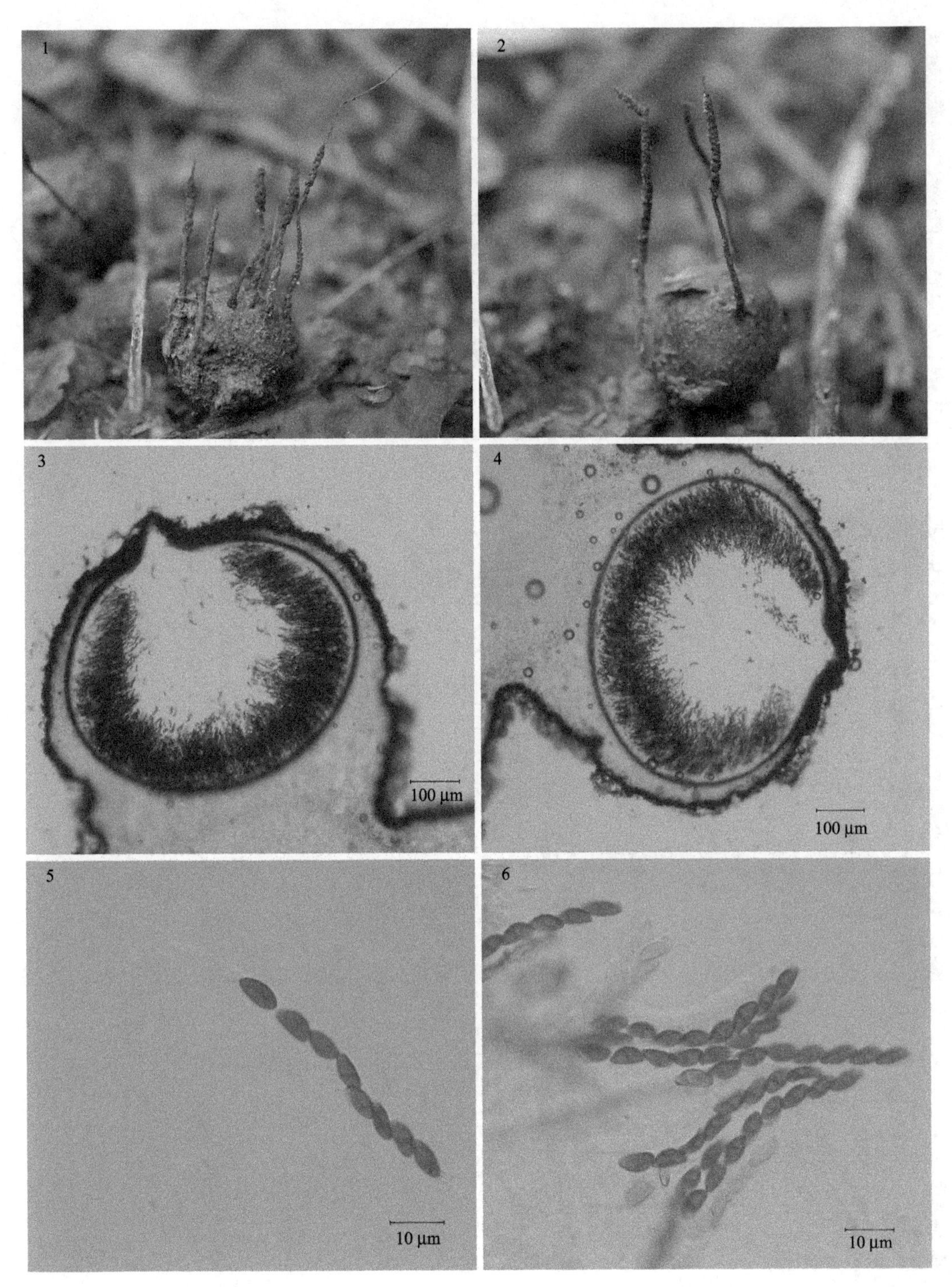

刺果藤炭角菌 *Xylaria byttneriae* G. Huang, L. Guo & Na Liu (HMAS 269872，主模式)。1、2. 子座；3、4. 子囊壳；5、6. 子囊和子囊孢子。

图版 XVI

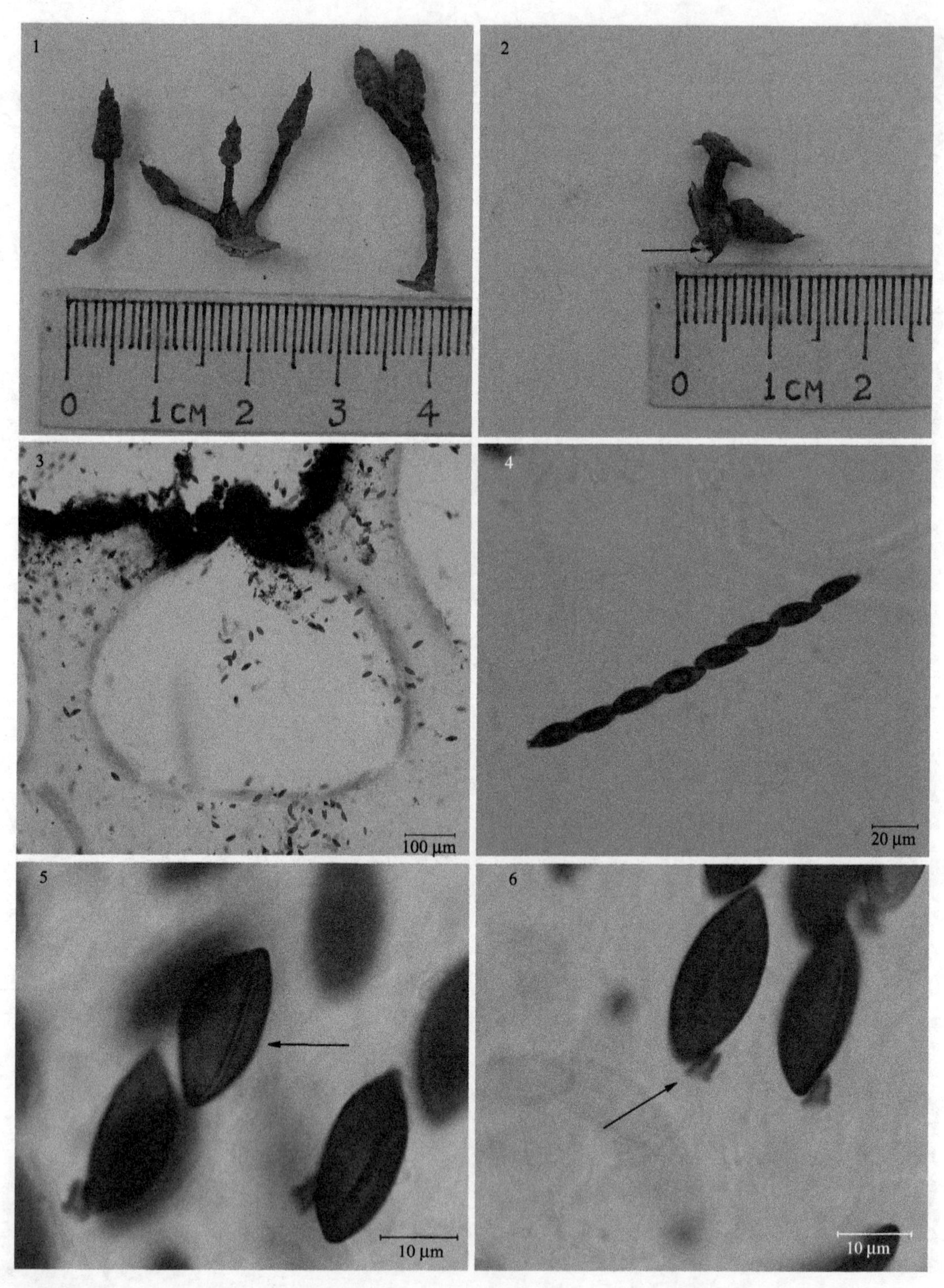

美头炭角菌 *Xylaria calocephala* Syd. & P. Syd. (HMAS 31079)。1、2. 子座(图 2 箭头示子囊壳)；3. 子囊壳； 4~6. 子囊和子囊孢子(图 5 箭头示芽缝，图 6 箭头示顶环)。

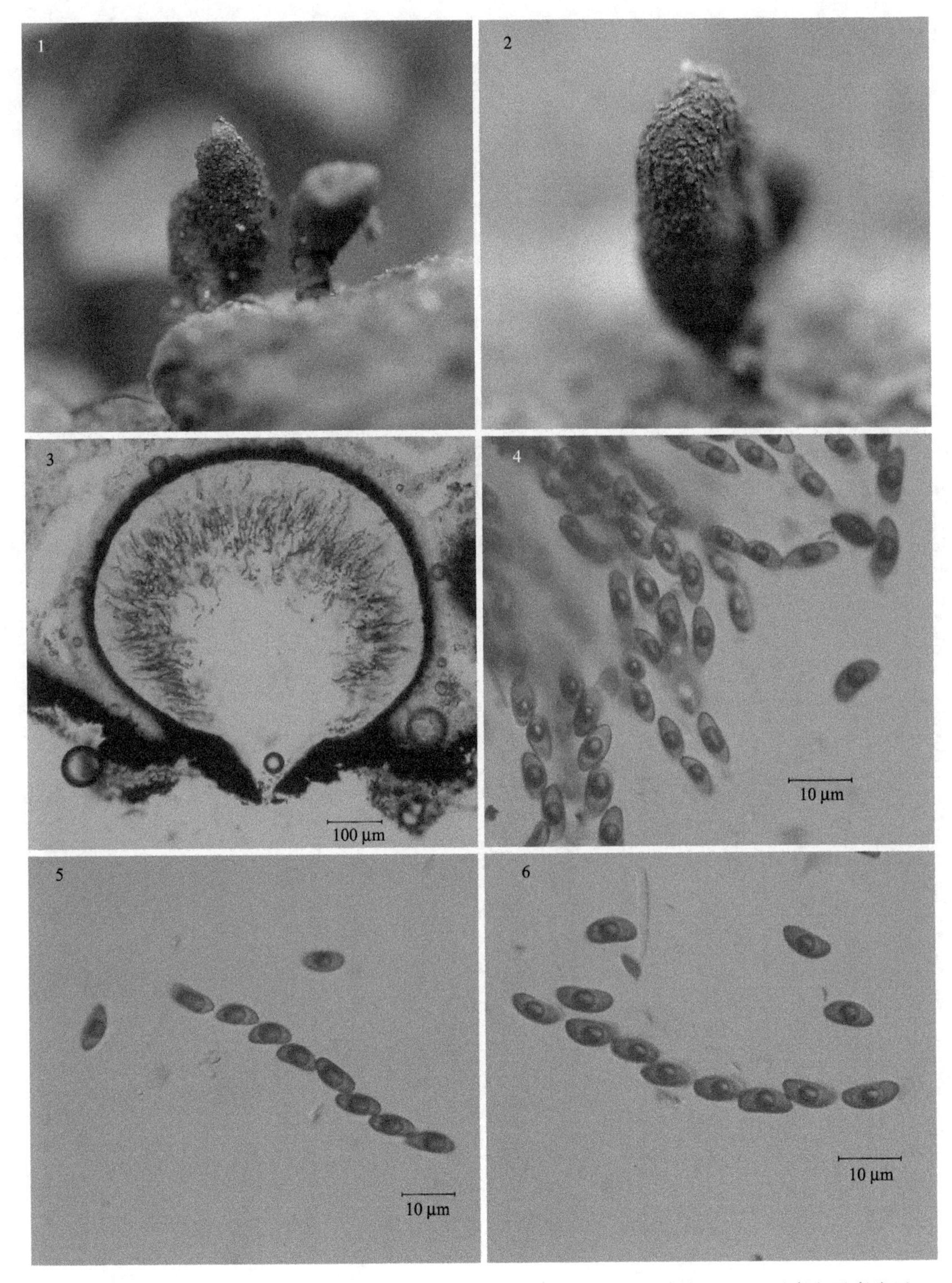

短柄炭角菌 *Xylaria castorea* Berk. (HMAS 269965)。1、2. 子座；3. 子囊壳；4~6. 子囊和子囊孢子。

图版 XVIII

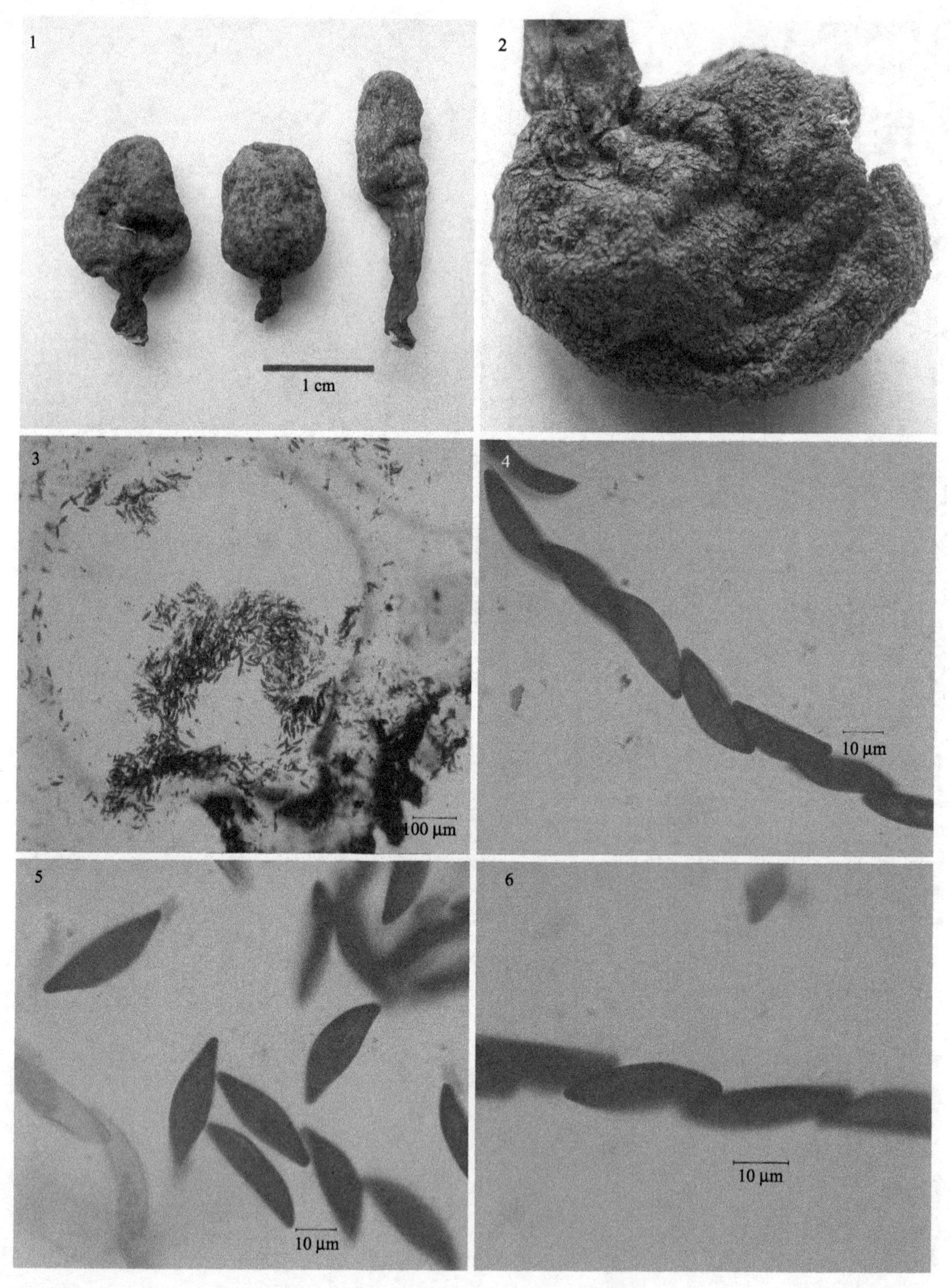

周氏炭角菌 *Xylaria choui* Hai X. Ma, Lar.N. Vassiljeva & Yu Li (HMAS 270043)。1. 子座；2. 子座表面；3. 子囊壳；4~6. 子囊和子囊孢子。

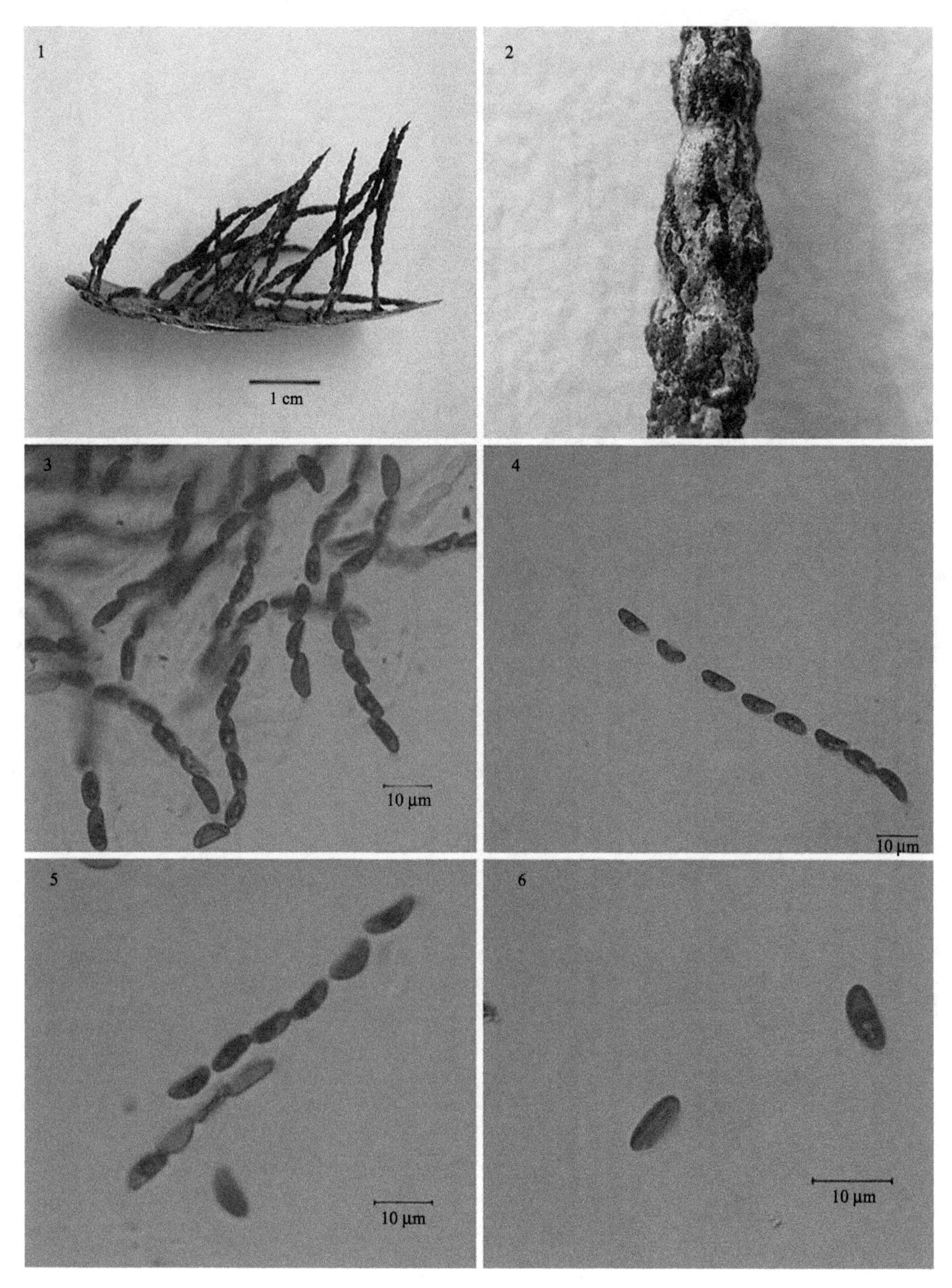

黄褐炭角菌 *Xylaria coccophora* Mont.(HMAS 252458)。1. 子座；2. 子座表面；3~5. 子囊和子囊孢子；6. 子囊孢子。

图版 XX

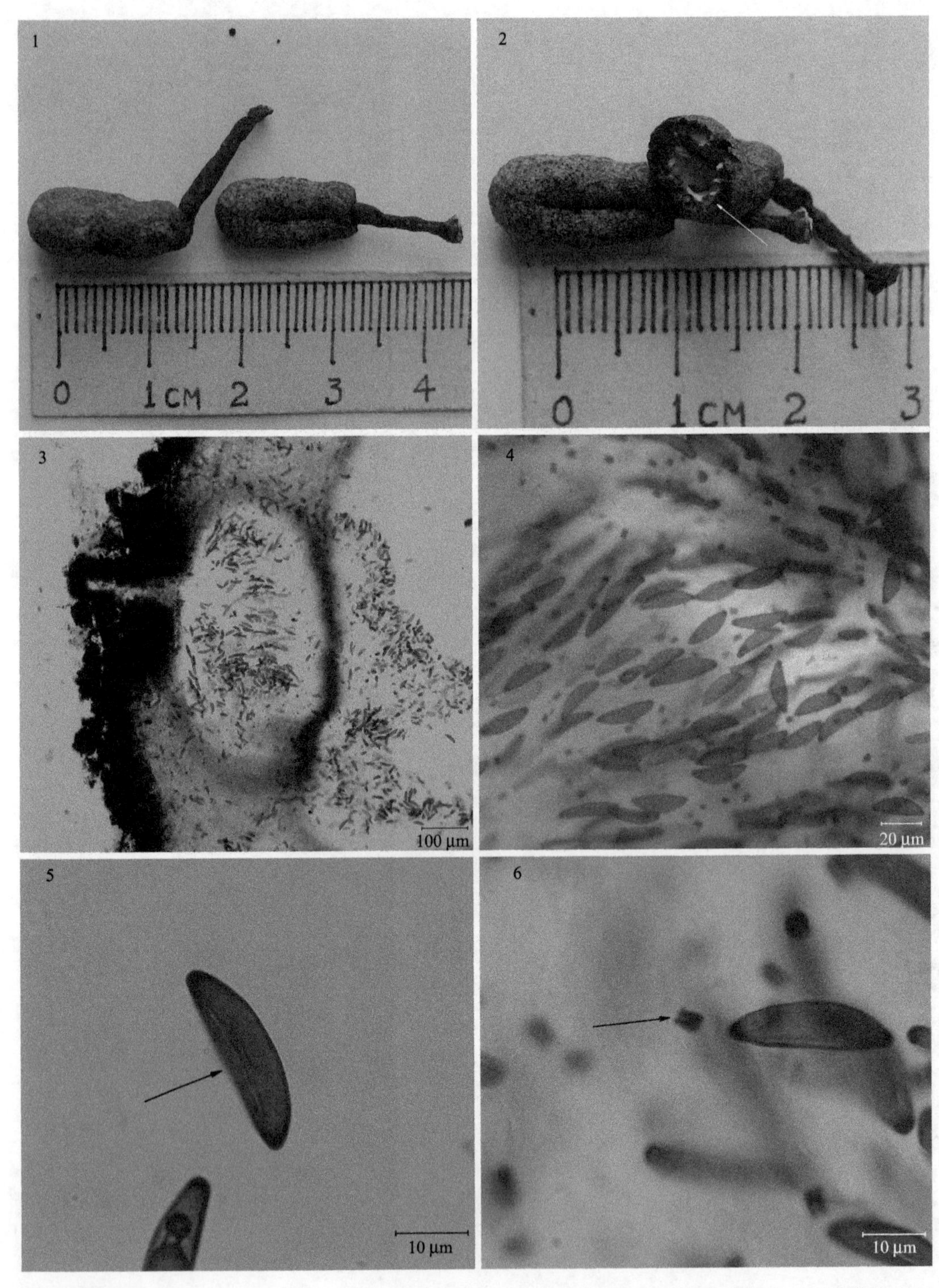

花壳炭角菌 *Xylaria comosa* (Mont.) Fr. (HMAS 21950)。1、2. 子座(图 2 箭头示子囊壳)；3. 子囊壳；4~6. 子囊和子囊孢子(图 5 箭头示芽缝，图 6 箭头示顶环)。

图版 XXI

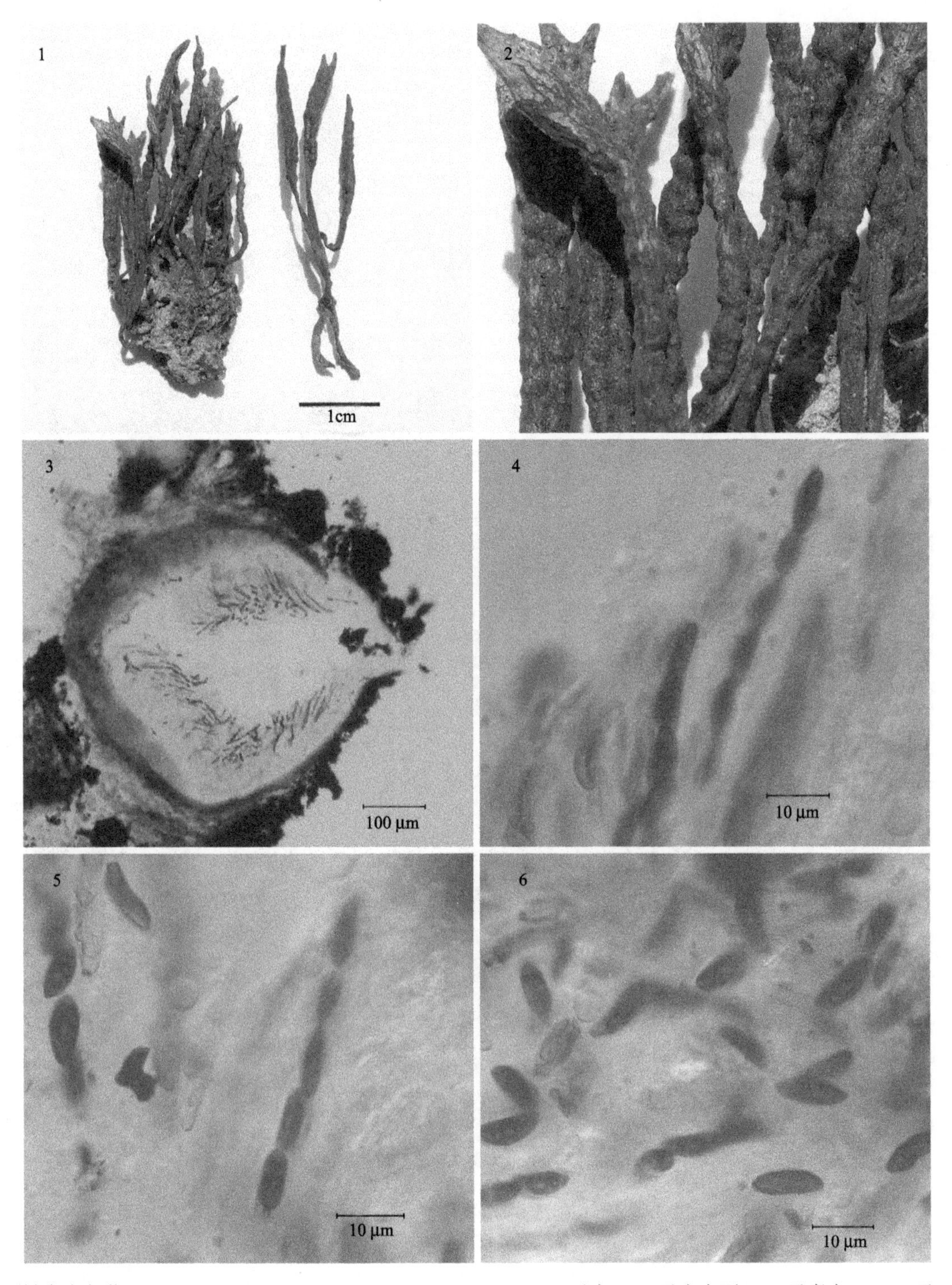

皱扁炭角菌 *Xylaria consociata* Starbäck (HMAS 269963)。1. 子座；2. 子座表面；3. 子囊壳；4~6. 子囊和子囊孢子。

图版 XXII

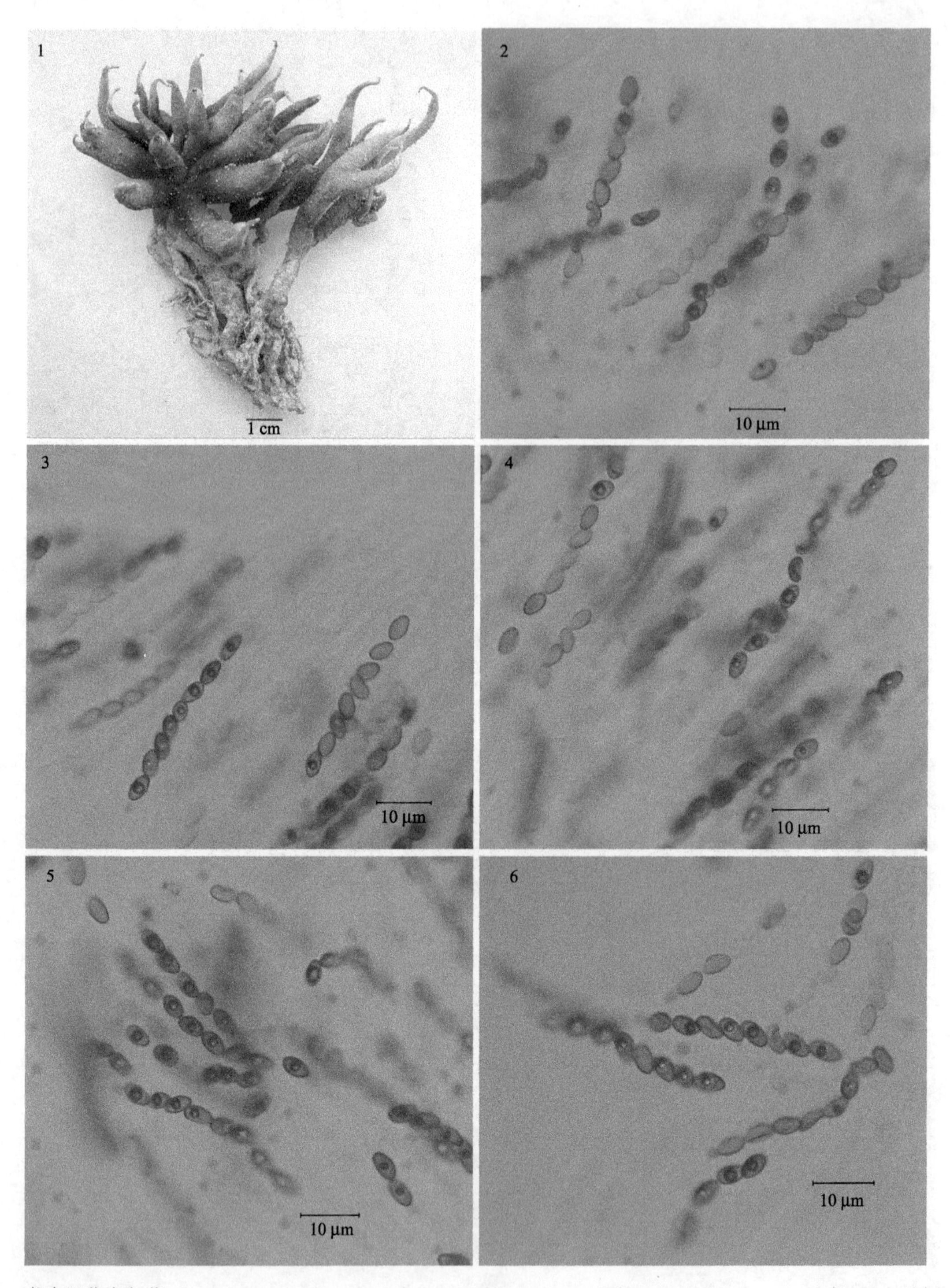

嗜鸡腿菇炭角菌 *Xylaria coprinicola* Y.M. Ju, H.M. Hsieh & X.S. He (HMAS 253334)。1. 子座；2~6. 子囊和子囊孢子。

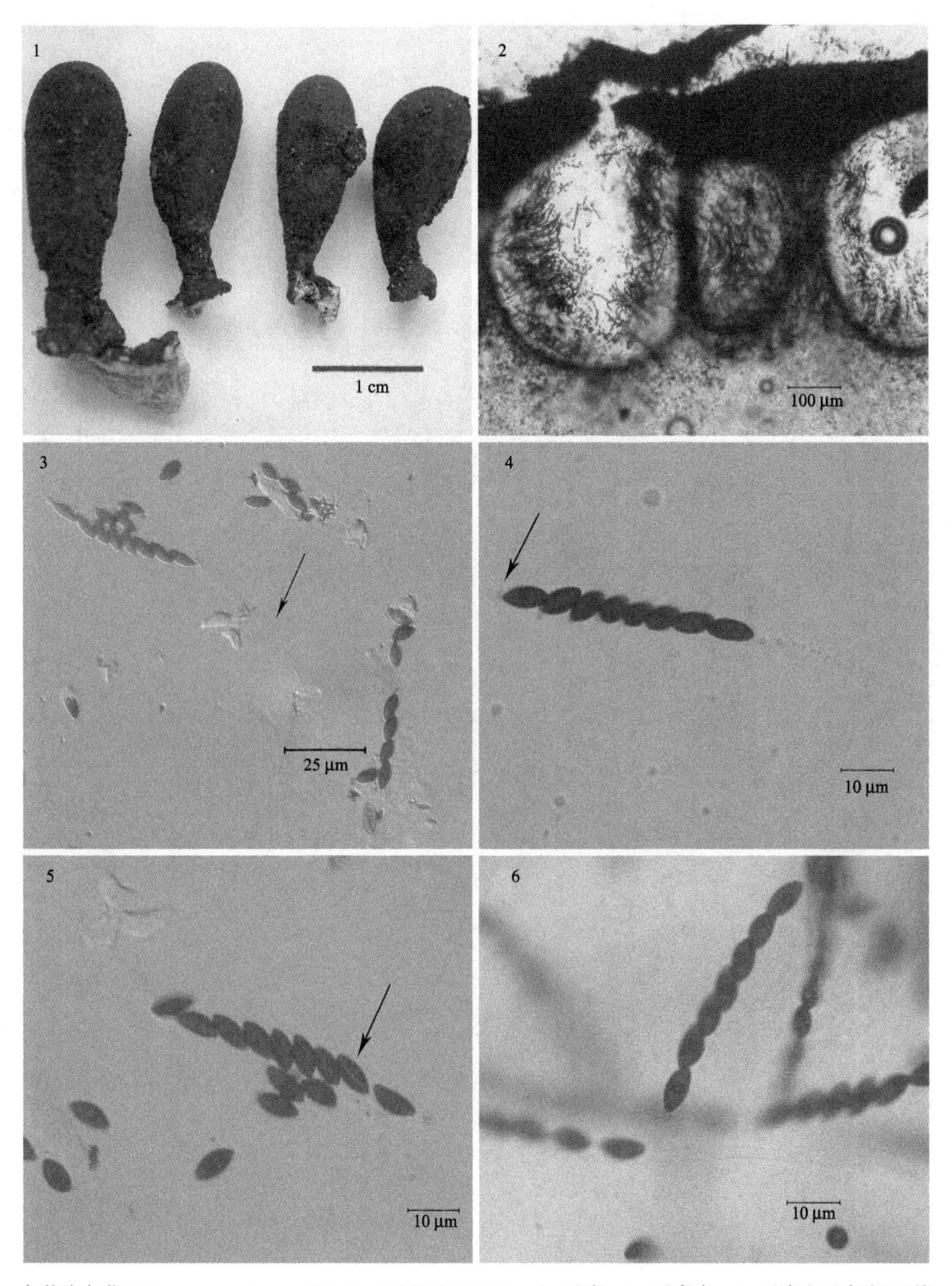

角状炭角菌 *Xylaria corniformis* (Fr.) Fr. (HMAS 265709)。1. 子座；2. 子囊壳；3. 子囊和子囊孢子(箭头示子囊柄)；4. 子囊和子囊孢子(箭头示顶环)；5、6. 子囊和子囊孢子(图 5 箭头示芽缝)。

图版 XXIV

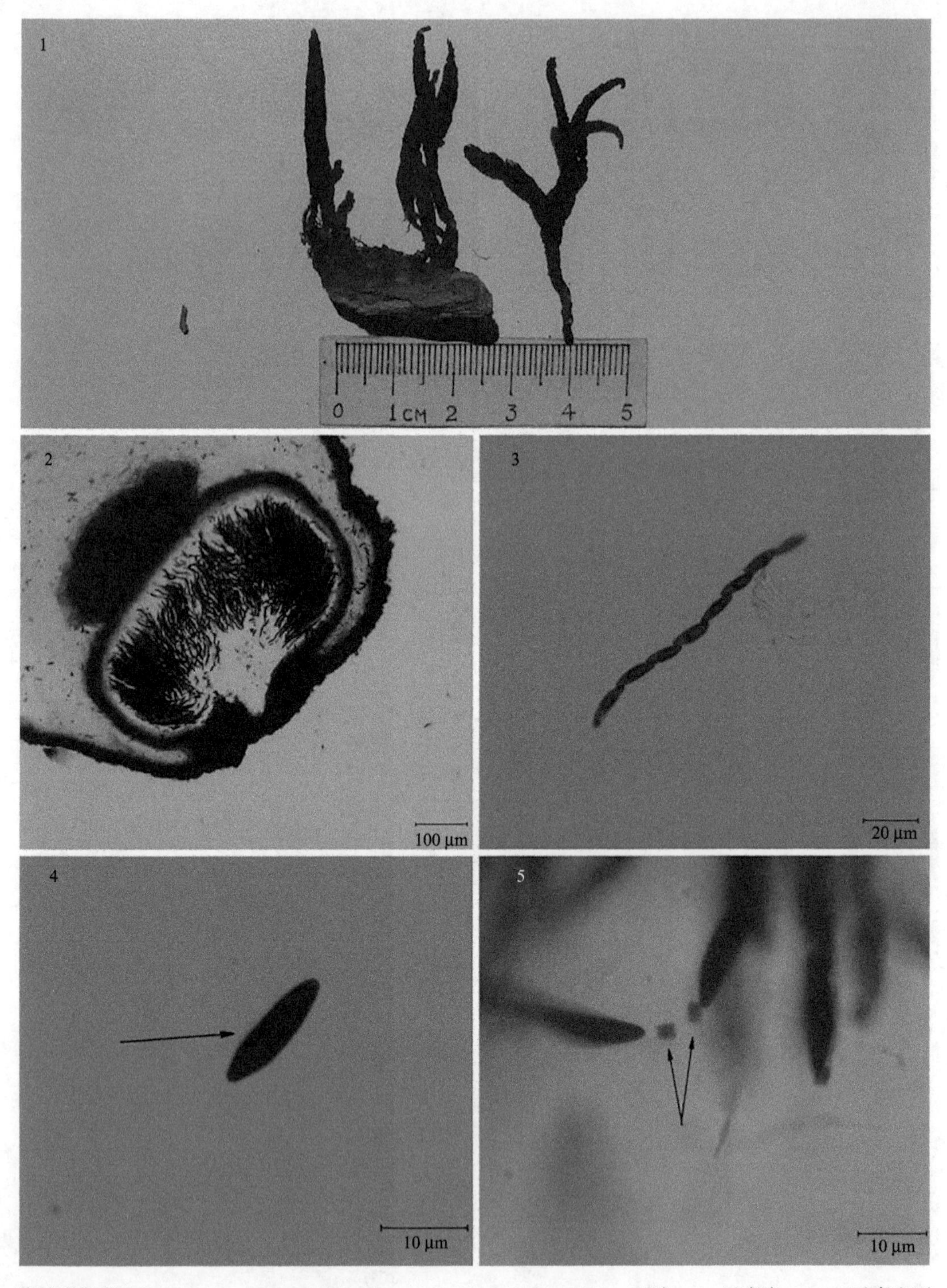

紫绒炭角菌 *Xylaria cornu-damae* (Schwein.) Berk. (HMAS 31080)。1. 子座；2. 子囊壳；3~5. 子囊和子囊孢子(图 4 箭头示芽缝，图 5 箭头示顶环)。

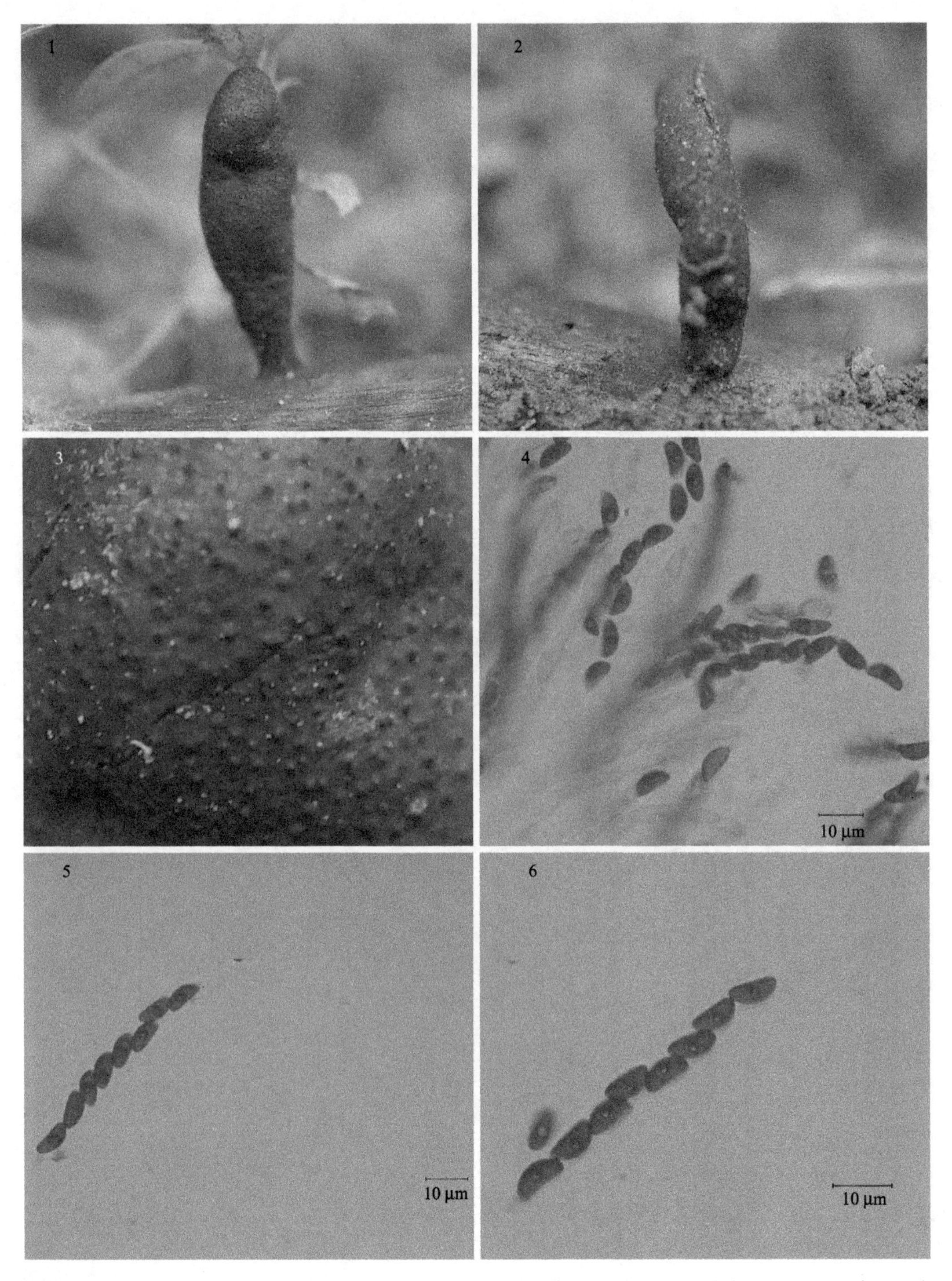

古巴炭角菌 *Xylaria cubensis* (Mont.) Fr. (HMAS 269956)。1、2. 子座；3. 子座表面；4~6. 子囊和子囊孢子。

图版 XXVI

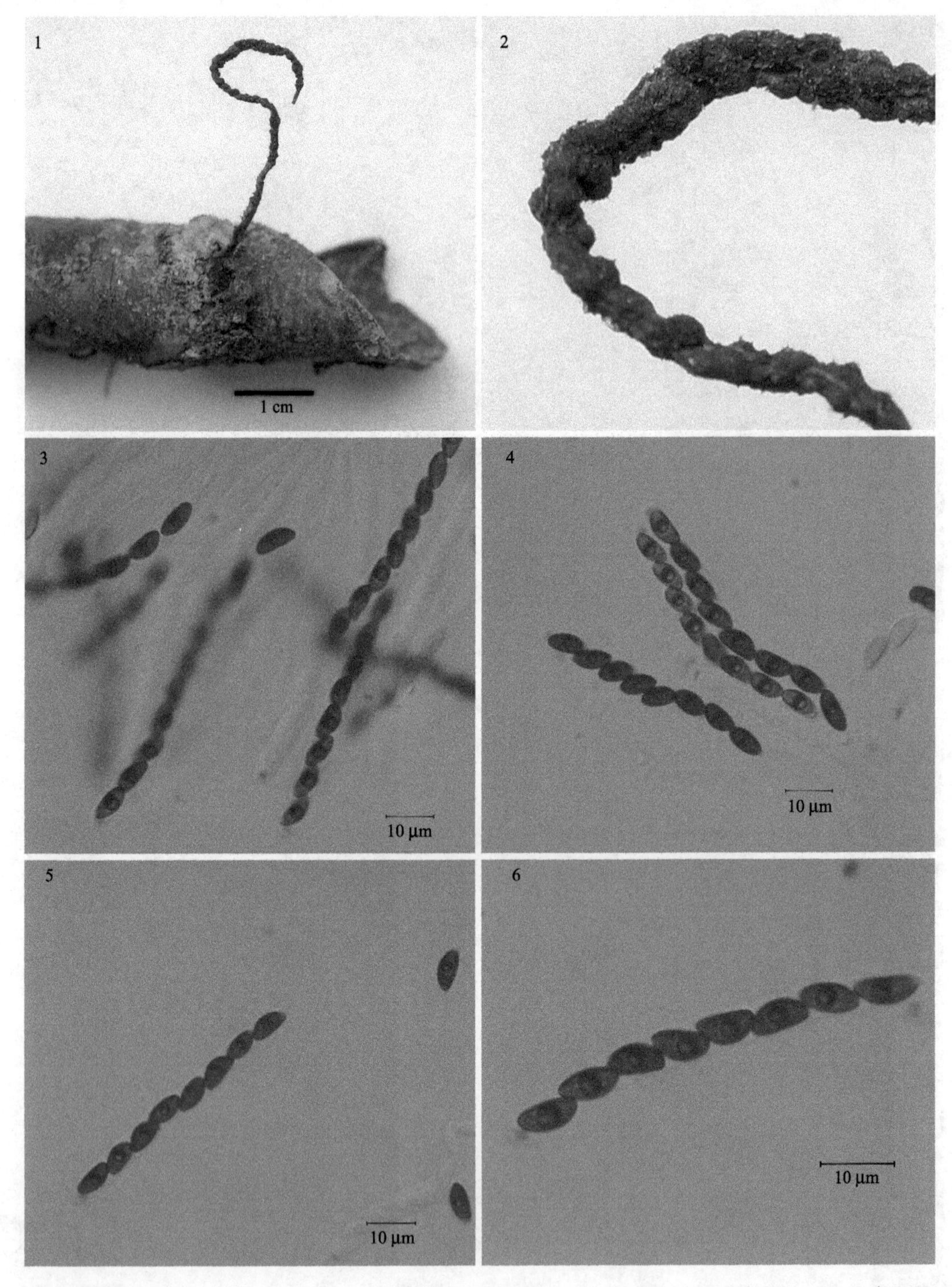

榴莲炭角菌 *Xylaria culleniae* Berk. & Broome（HMAS 253253）。1. 子座；2. 子座表面；3~6. 子囊和子囊孢子。

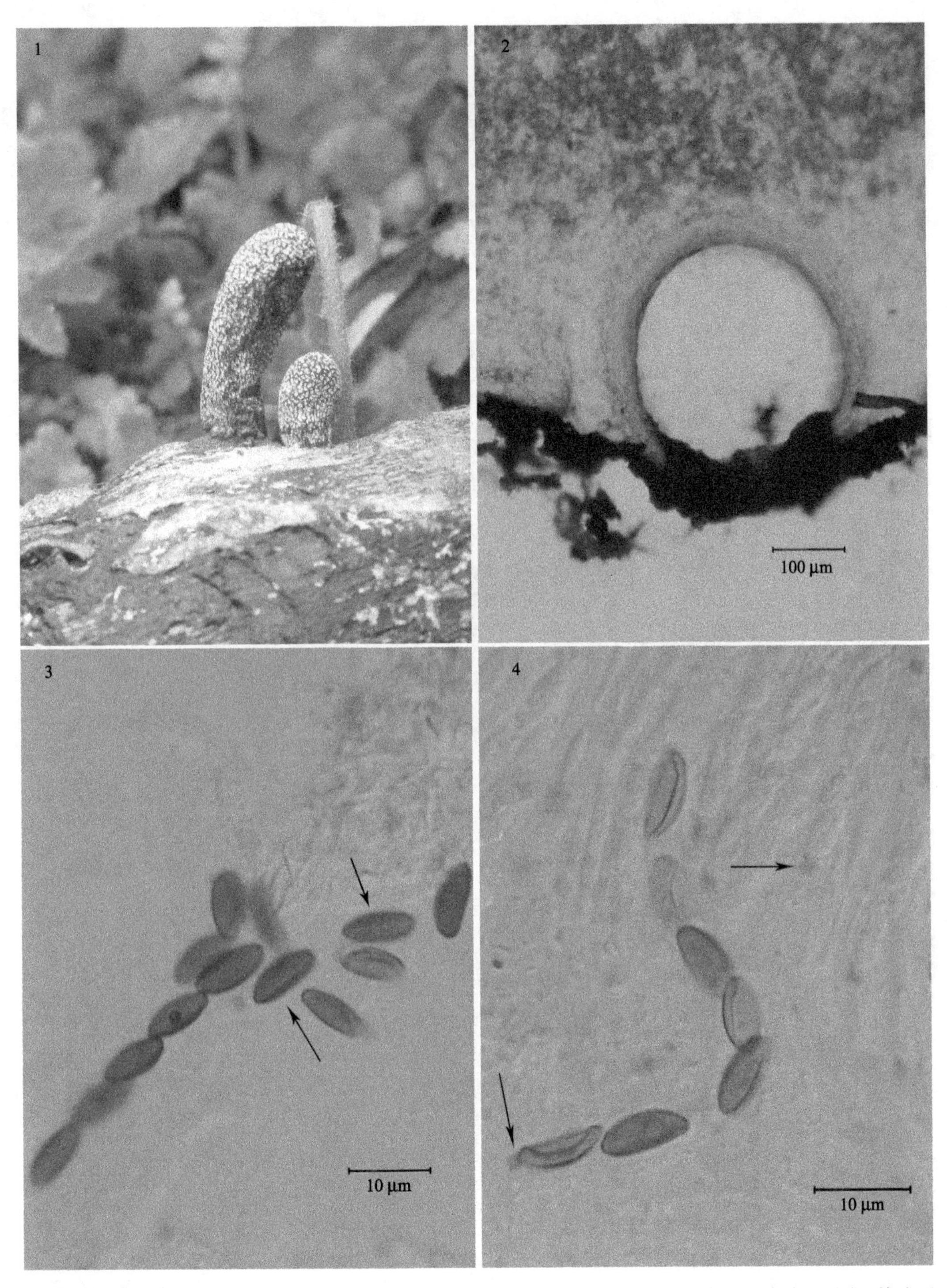

短炭角菌 *Xylaria curta* Fr.(HMAS 265126)。1. 子座；2. 子囊壳；3、4. 子囊和子囊孢子(图 3 箭头示芽缝，图 4 箭头示顶环)。

图版 XXVIII

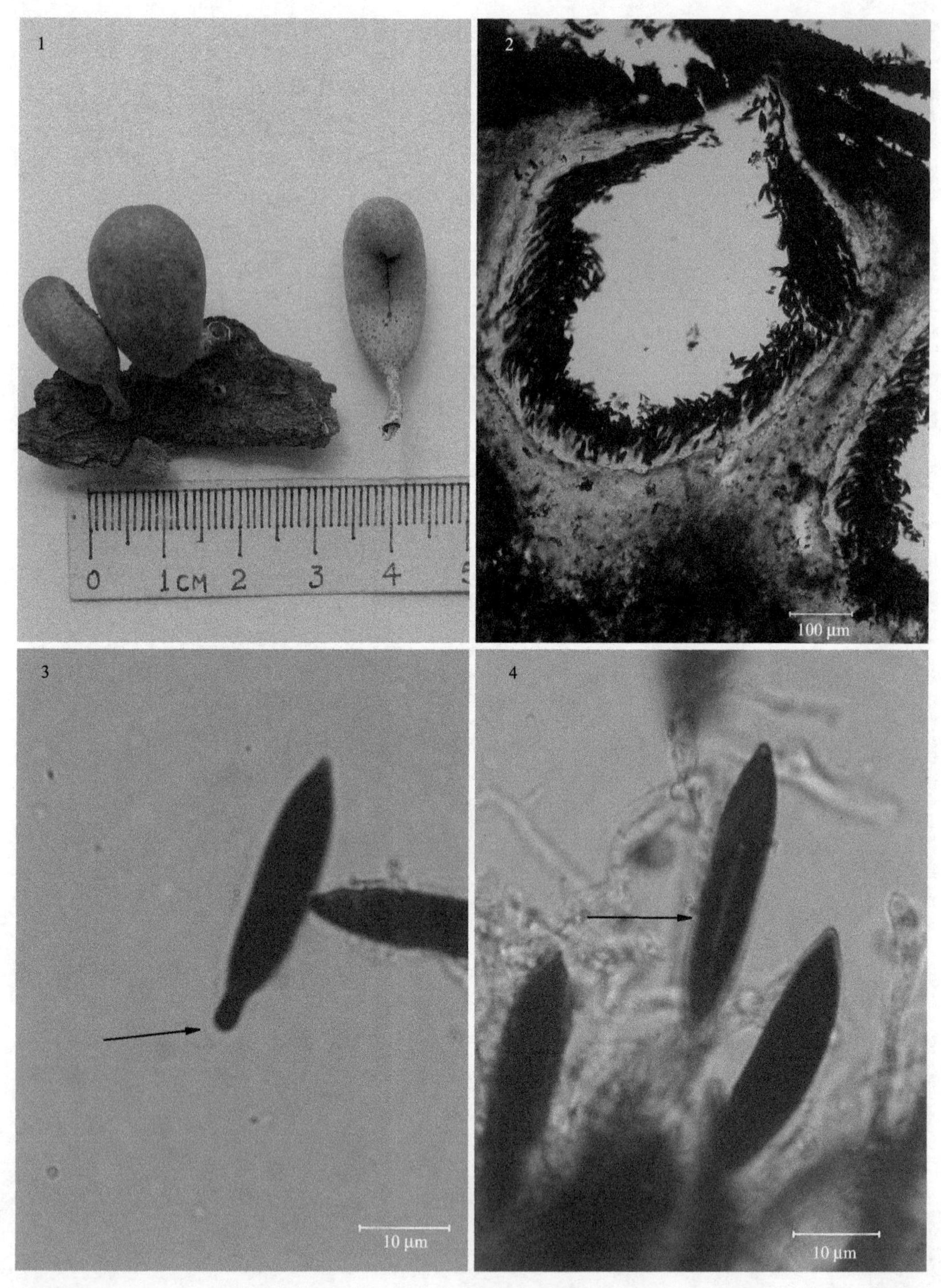

白壳炭角菌 *Xylaria dealbata* Berk. & M.A. Curtis (HMAS 21449)。1. 子座；2. 子囊壳；3、4. 子囊孢子（图 3 箭头示乳突，图 4 箭头示芽缝）。

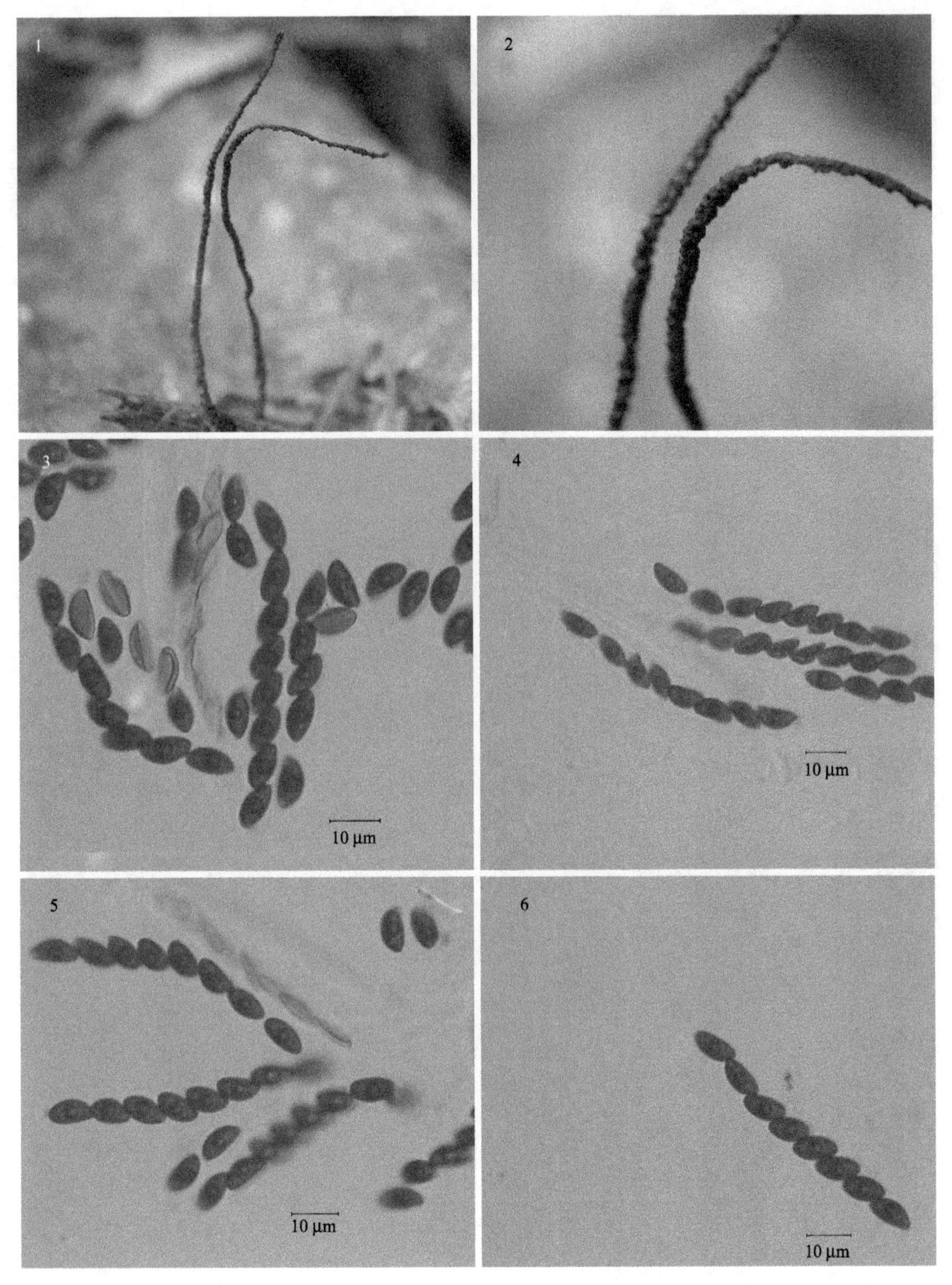

双叉炭角菌 *Xylaria dichotoma* (Mont.) Mont.（HMAS 270121）。1. 子座；2. 子座表面；3~6.子囊和子囊孢子。

图版 XXX

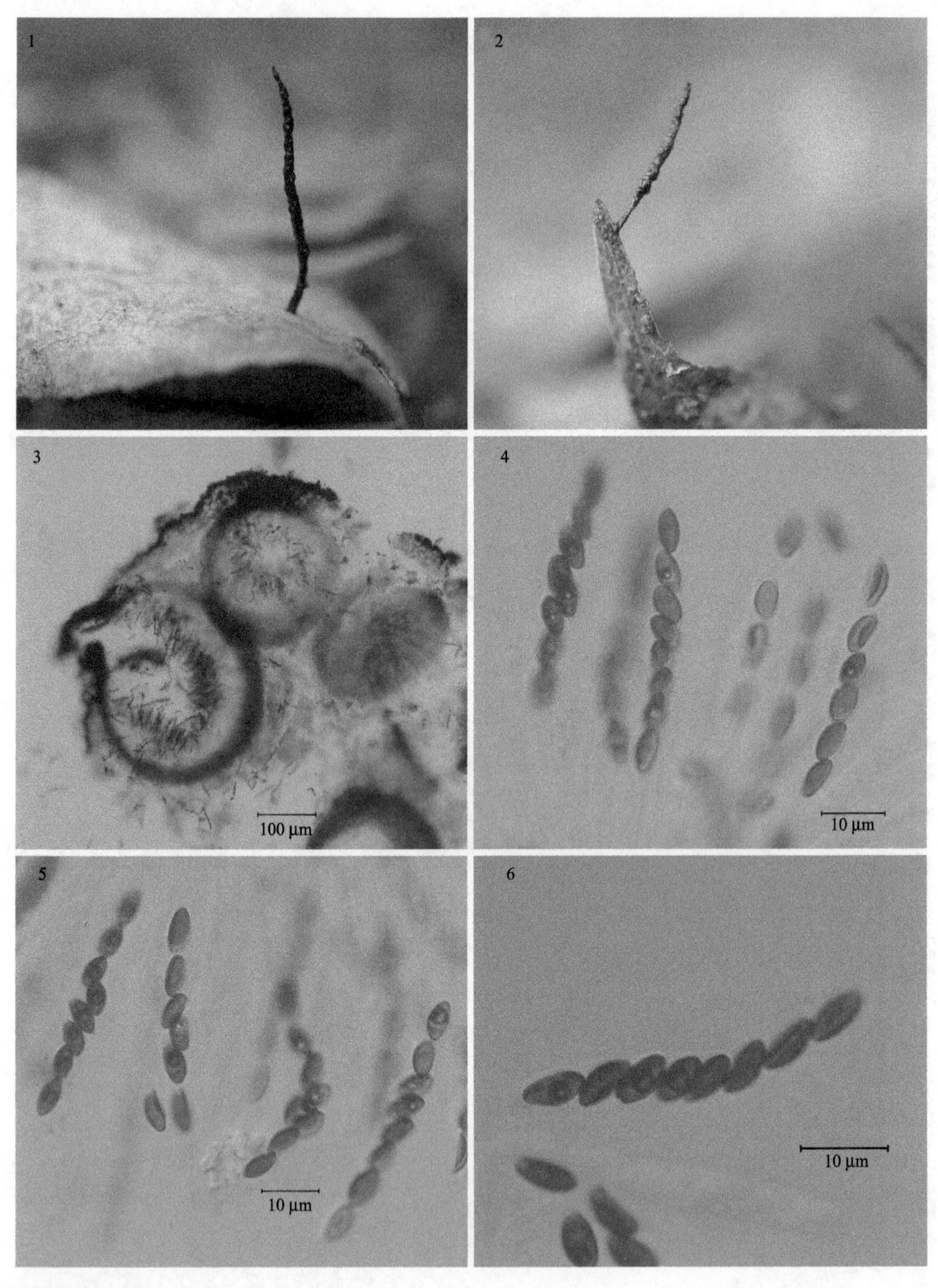

小炭角菌 *Xylaria diminuta* F. San Martín & J.D. Rogers（HMAS 269887）。1、2. 子座；3. 子囊壳；4~6. 子囊和子囊孢子。

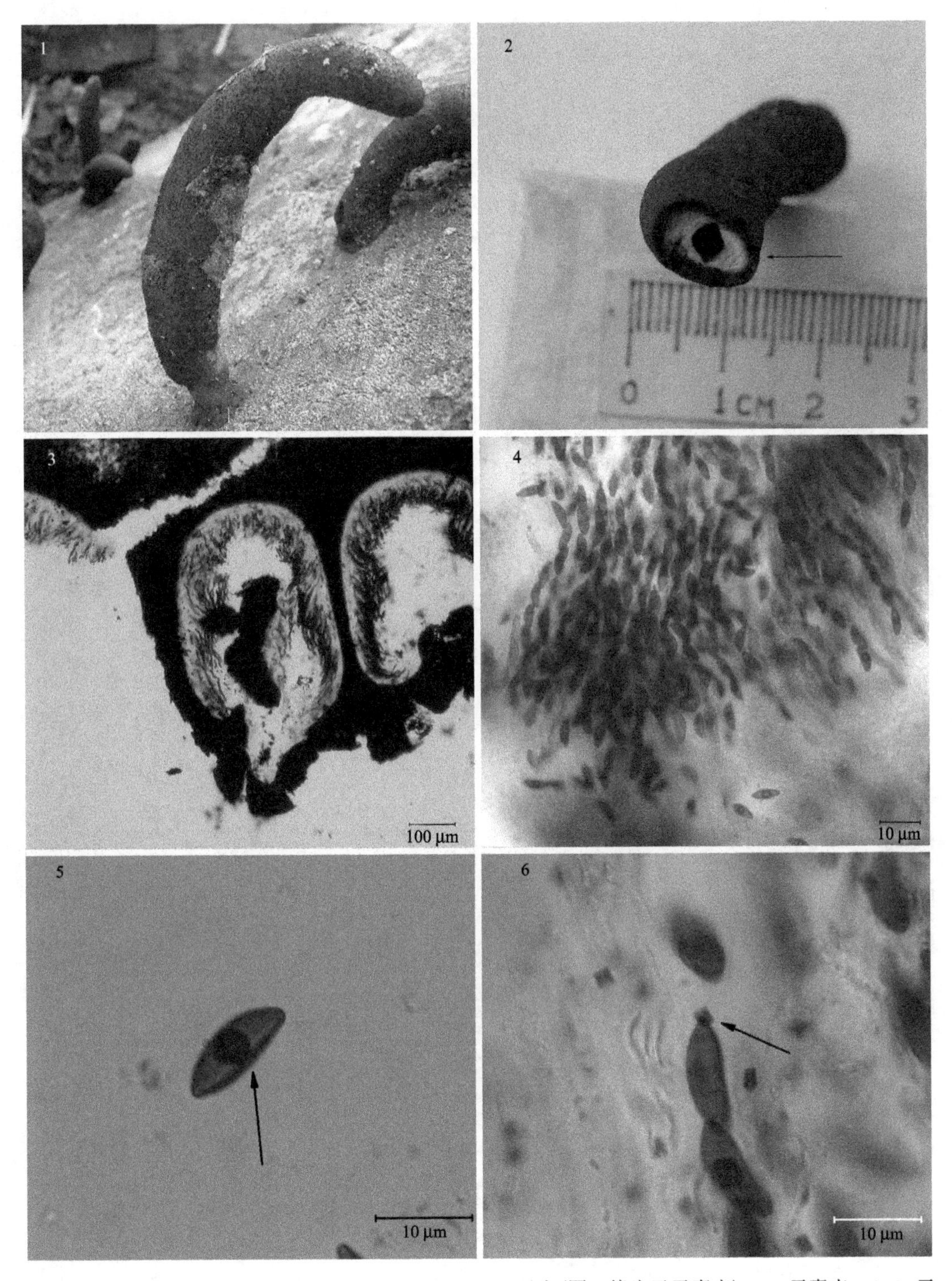

舌状炭角菌 *Xylaria euglossa* Fr. (HMAS 30831)。1、2. 子座(图 2 箭头示子囊壳)；3. 子囊壳；4~6. 子囊和子囊孢子(图 5 箭头示芽缝，图 6 箭头示顶环)。

图版 XXXII

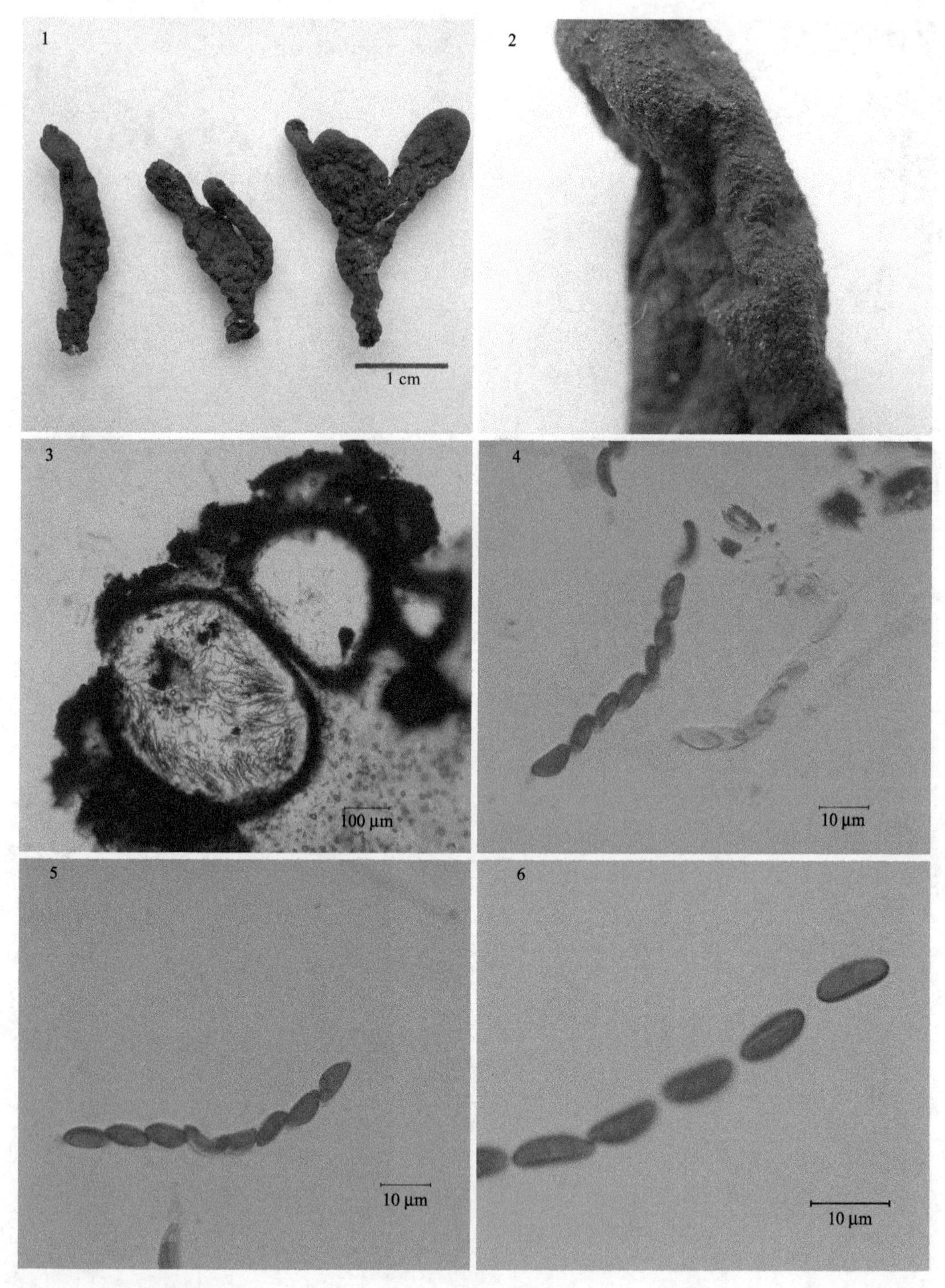

黄心炭角菌 *Xylaria feejeensis* (Berk.) Fr.（HMAS 265710）。1、2. 子座；3. 子囊壳；4~6. 子囊和子囊孢子。

图版 XXXIII

扣状炭角菌 *Xylaria fibula* Massee (HMAS 9653)。1、2. 子座(图 2 箭头示子囊壳)；3. 子囊壳切片；4、5. 子囊和子囊孢子(图 4 箭头示芽缝，图 5 箭头示顶环)。

图版 XXXIV

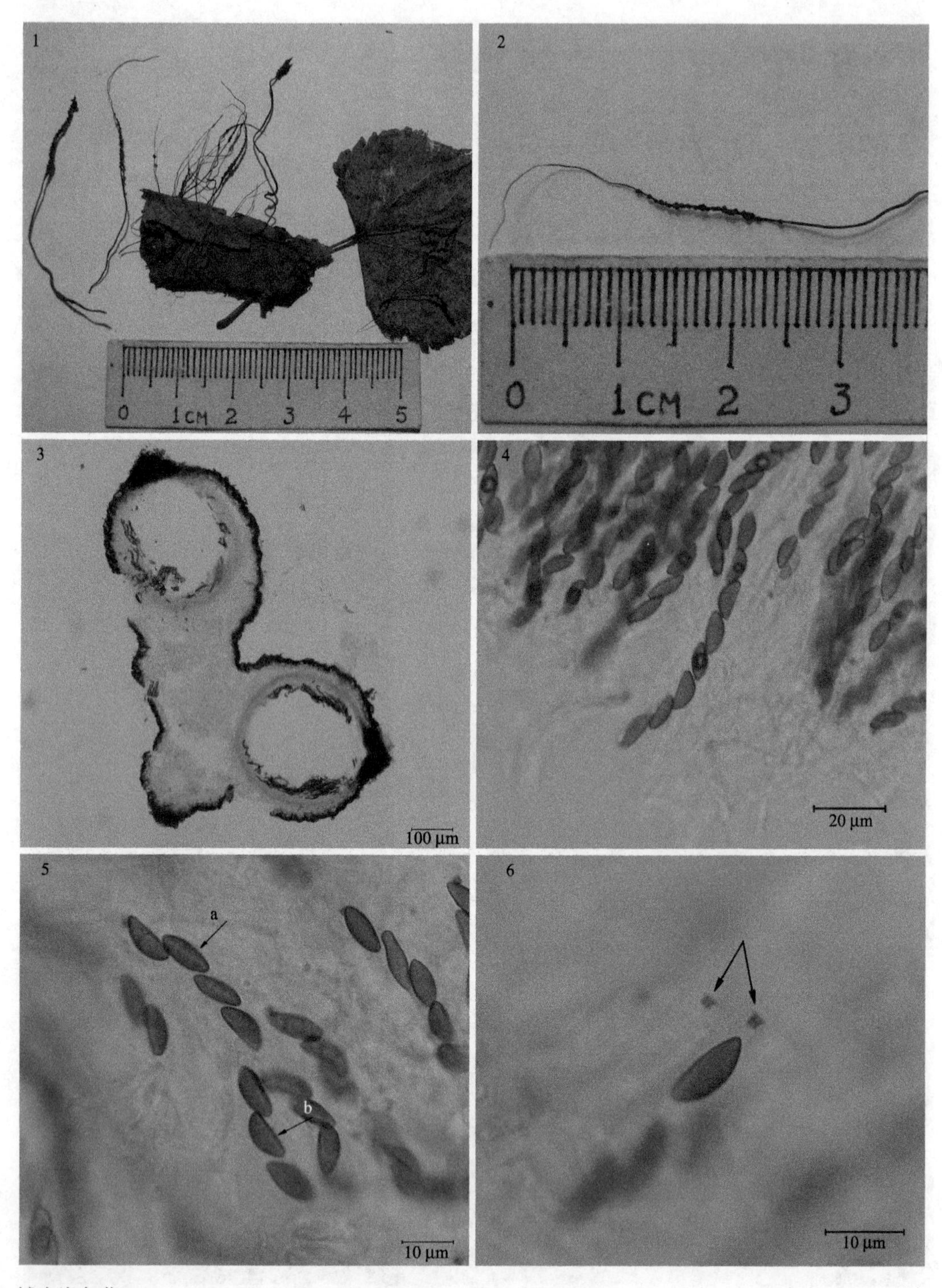

绒座炭角菌 *Xylaria filiformis* (Alb. & Schwein.) Fr. (HMAS 18817)。1、2. 子座；3. 子囊壳；4~6. 子囊和子囊孢子(图 5 箭头示芽缝，图 6 箭头示顶环)。

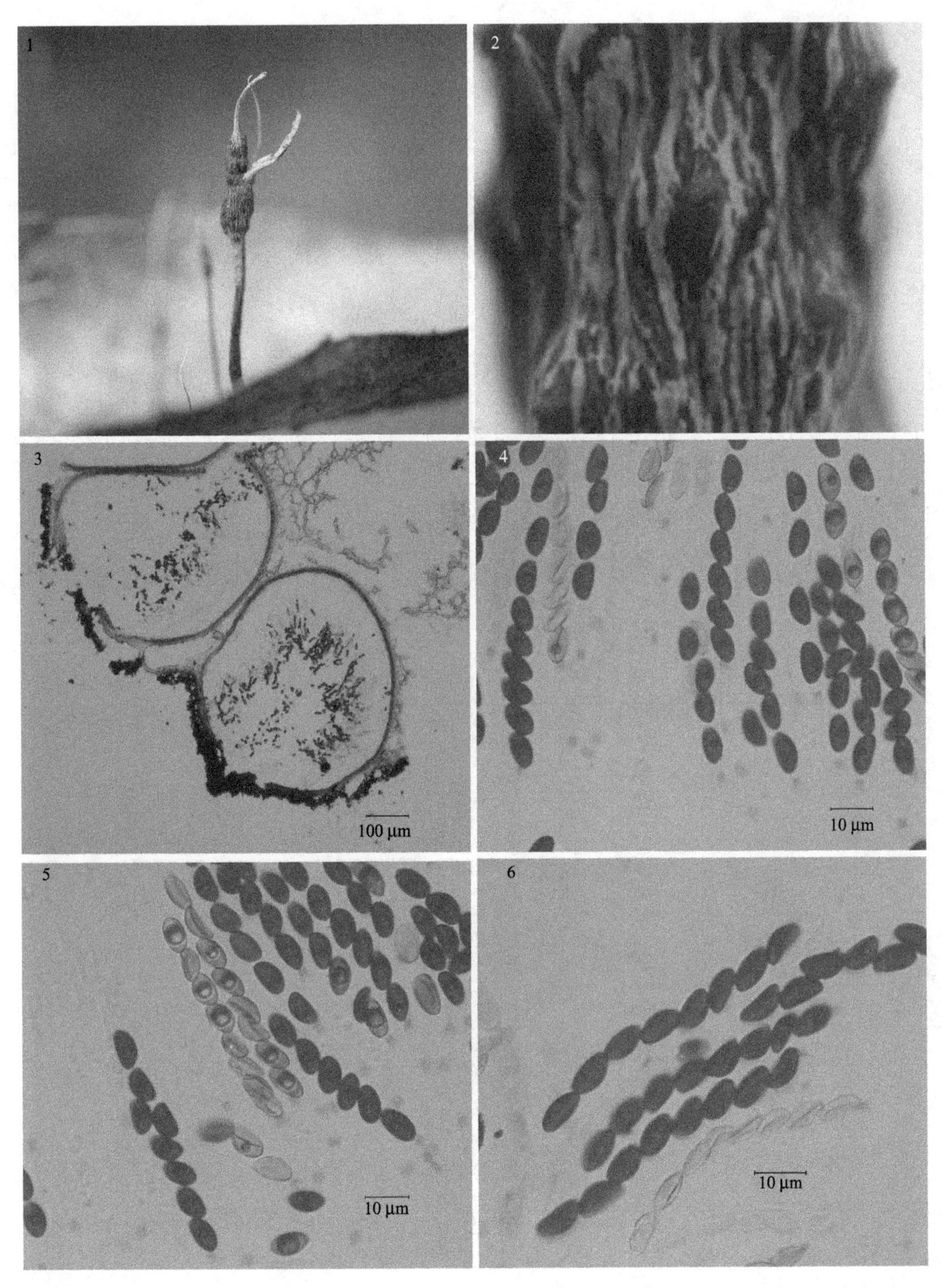

叶生炭角菌 *Xylaria foliicola* G. Huang & L. Guo (HMAS 253028，主模式)。1. 子座；2. 子座表面；3. 子囊壳；4~6. 子囊和子囊孢子。

图版 XXXVI

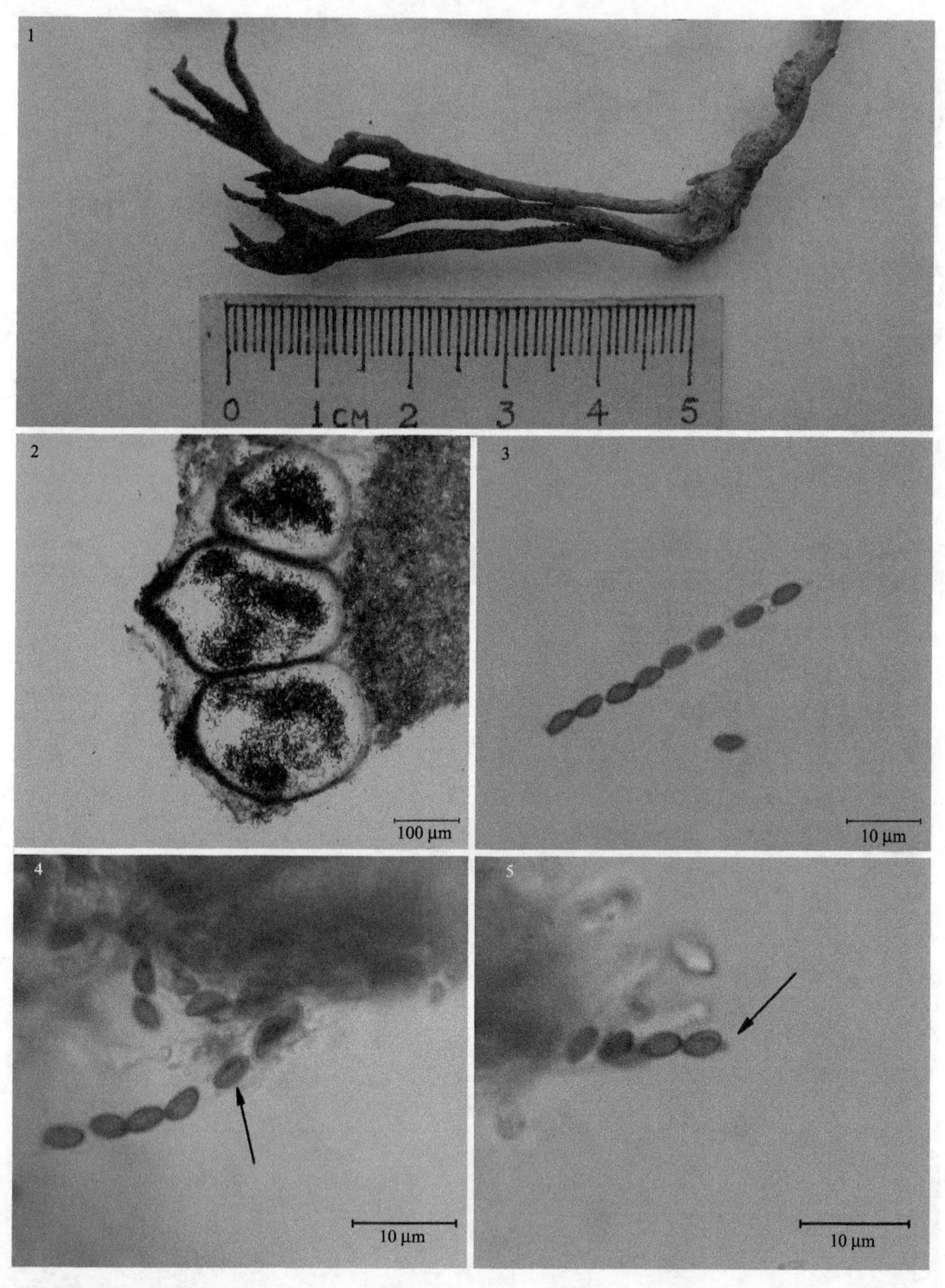

叉状炭角菌 *Xylaria furcata* Fr. (HMAS 26830)。1. 子座；2. 子囊壳；3~5. 子囊和子囊孢子(图 4 箭头示芽缝，图 5 箭头示顶环)。

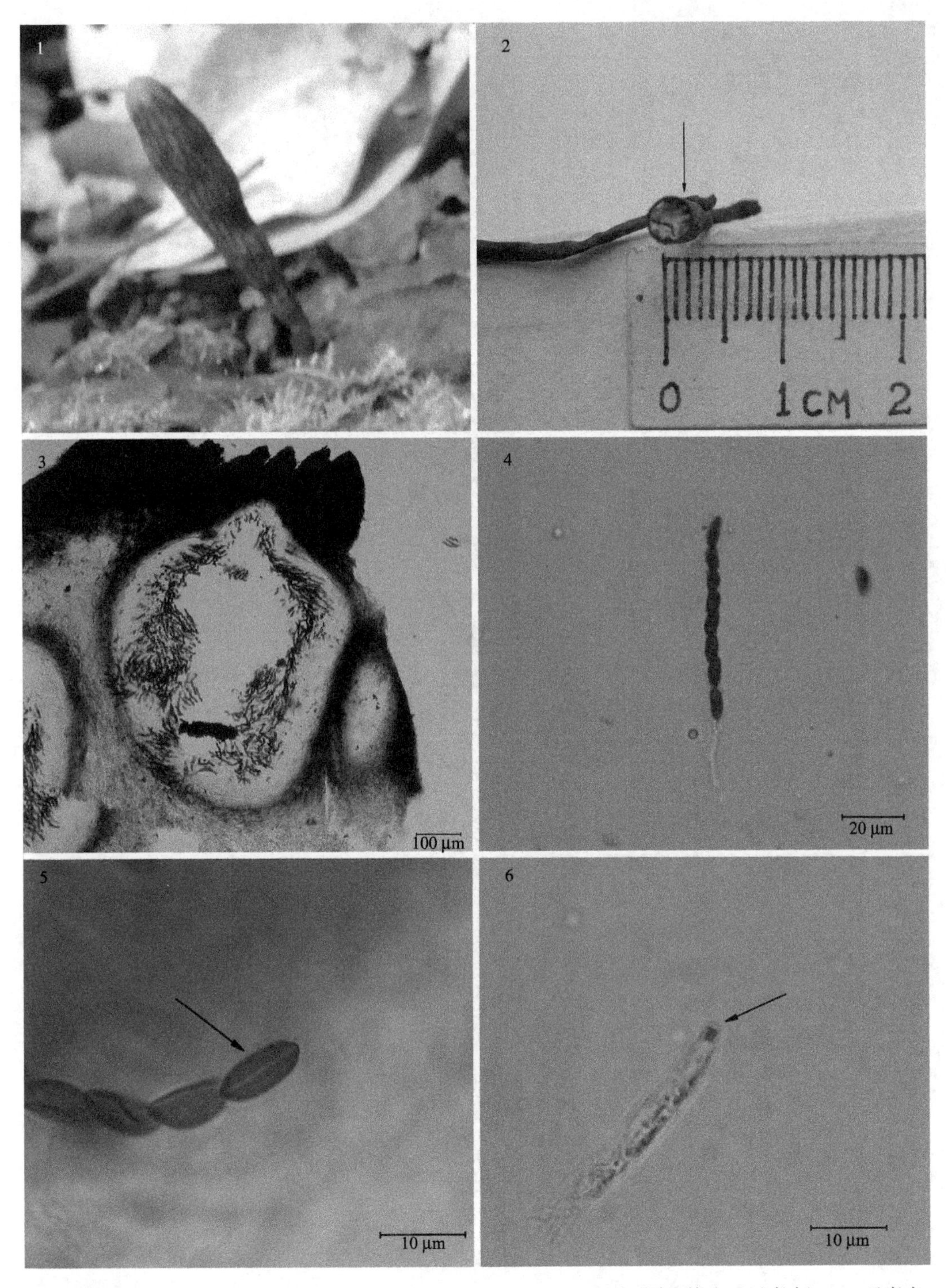

条纹炭角菌 *Xylaria grammica* (Mont.) Fr. (HMAS 27795)。1、2. 子座(图 2 箭头示子囊壳)；3. 子囊壳；4~6. 子囊和子囊孢子(图 5 箭头示芽缝，图 6 箭头示顶环)。

图版 XXXVIII

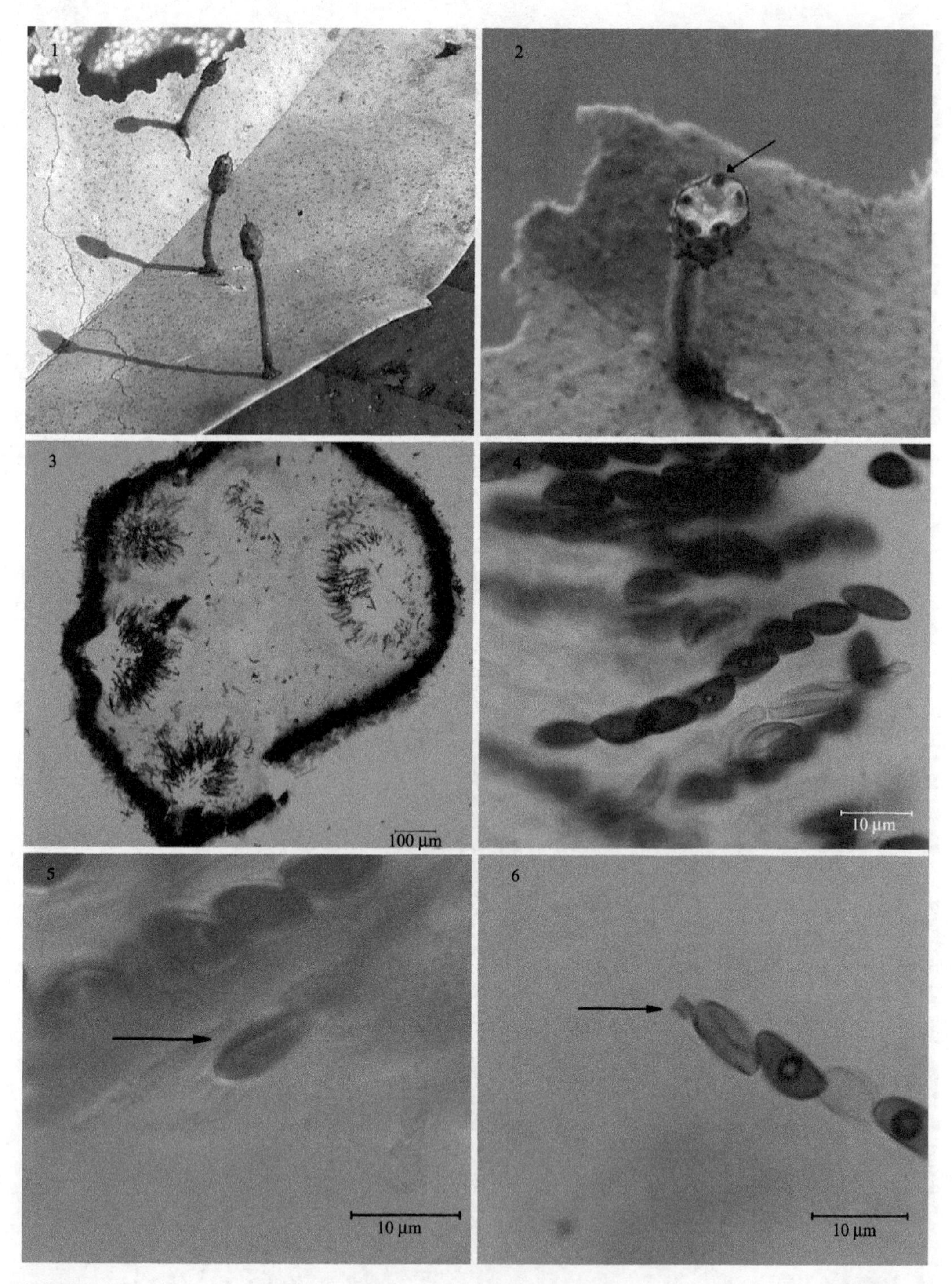

海南炭角菌 *Xylaria hainanensis* Y. F. Zhu & L. Guo (HMAS 221727)。1、2. 子座(图 2 箭头示子囊壳)；3. 子囊壳；4~6. 子囊和子囊孢子(图 5 箭头示芽缝，图 6 箭头示顶环)。

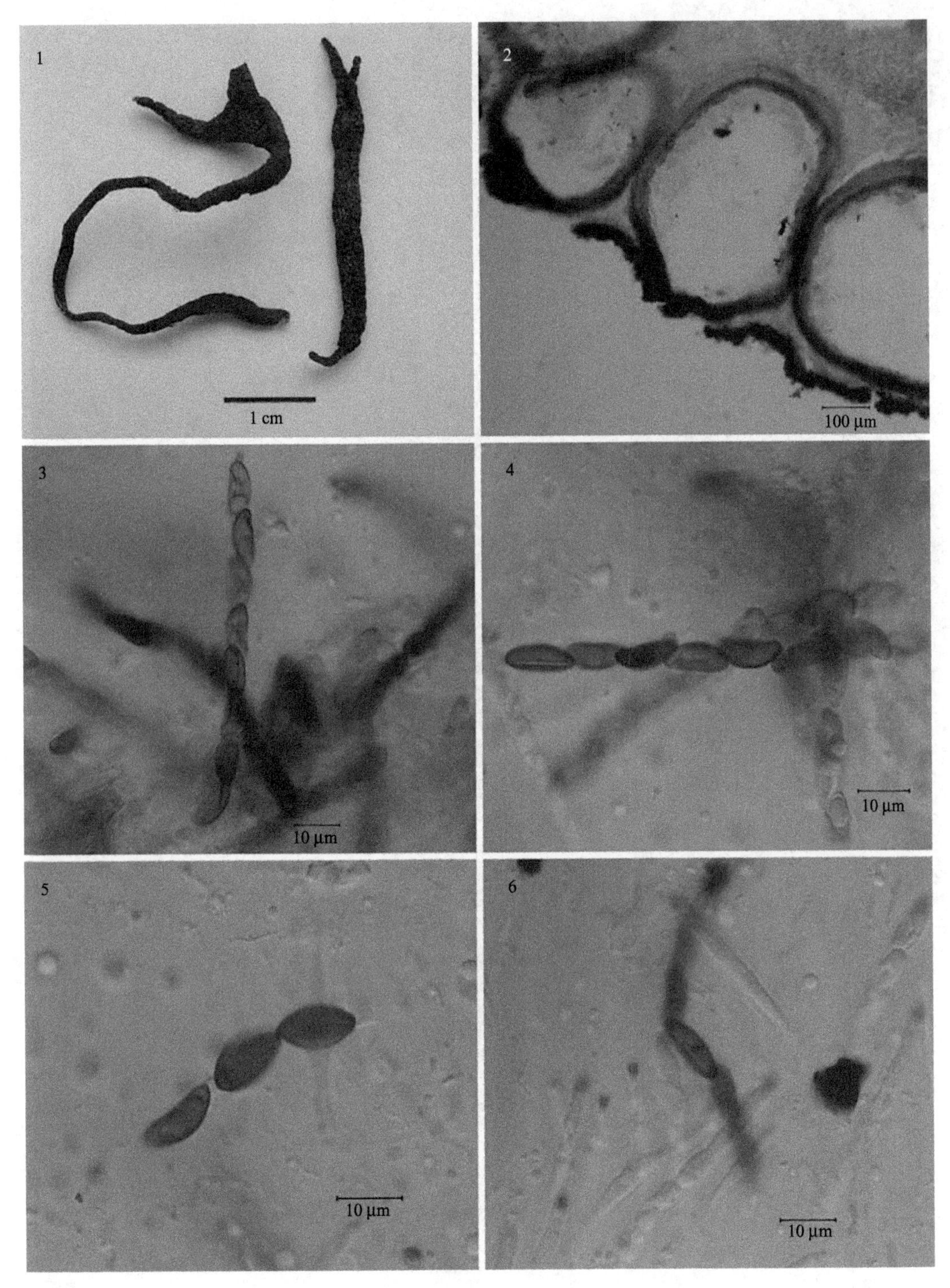

团炭角菌 *Xylaria hypoxylon* (L.) Grev. (HMAS 145374)。1. 子座；2. 子囊壳；3~6. 子囊和子囊孢子。

图版 XL

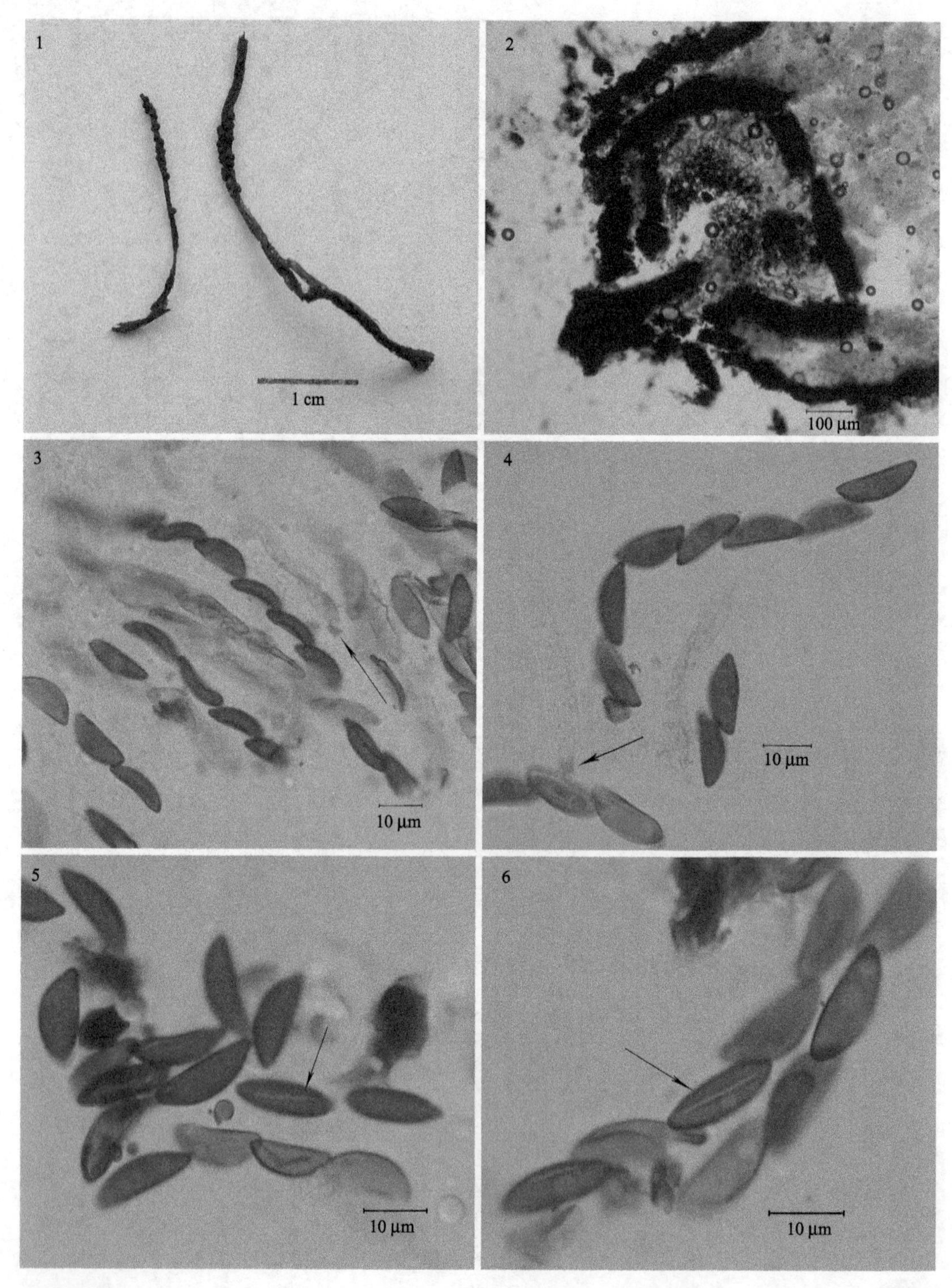

裘诺炭角菌 *Xylaria juruensis* Henn.(HMAS 267421)。1. 子座；2. 子囊壳；3、4. 子囊和子囊孢子(箭头示顶环)；5、6.子囊孢子(箭头示芽缝)。

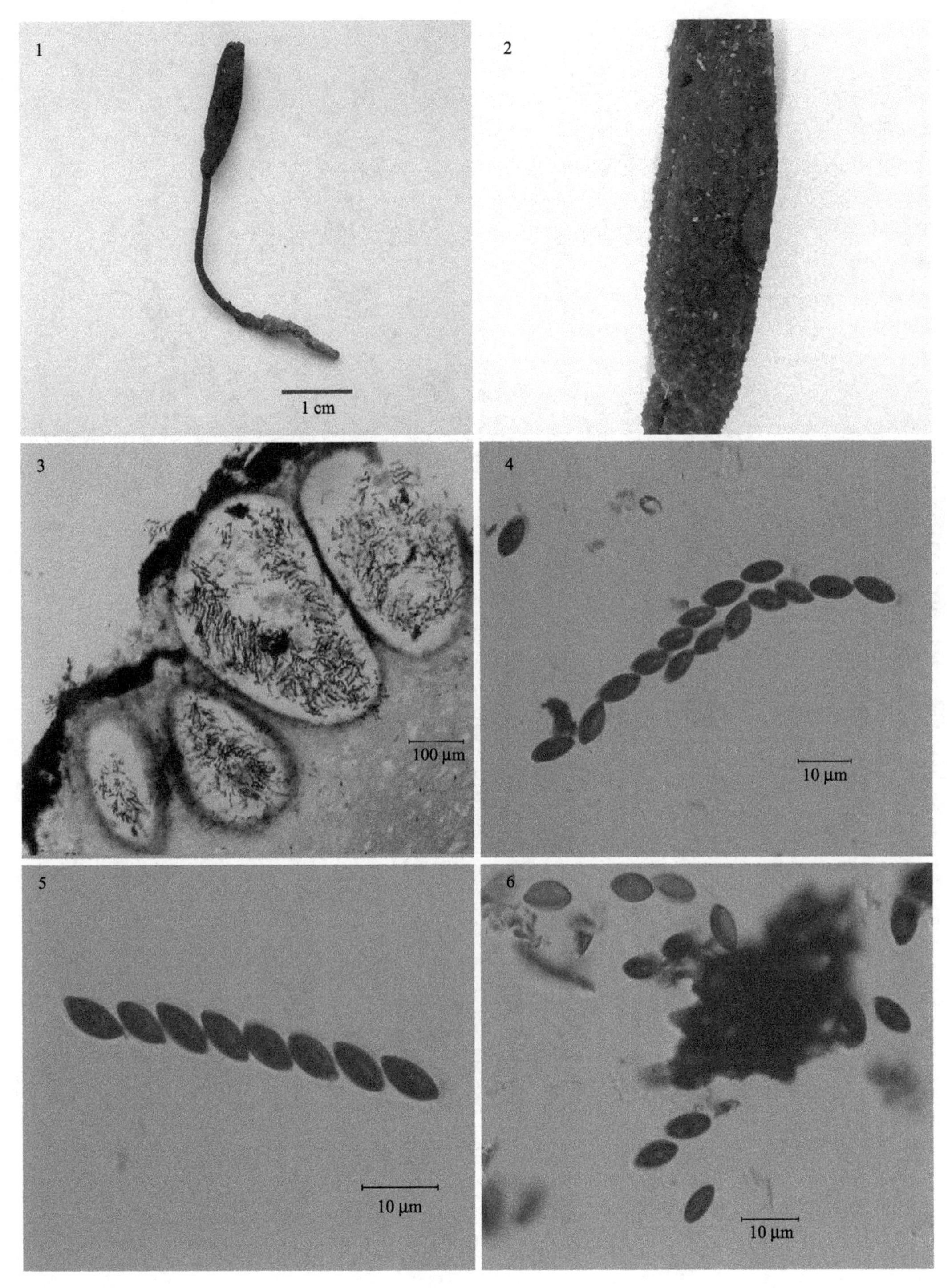

皱柄炭角菌 *Xylaria kedahae* Lloyd (HMAS 270062)。1. 子座；2. 子座表面；3. 子囊壳；4~6. 子囊和子囊孢子。

图版 XLII

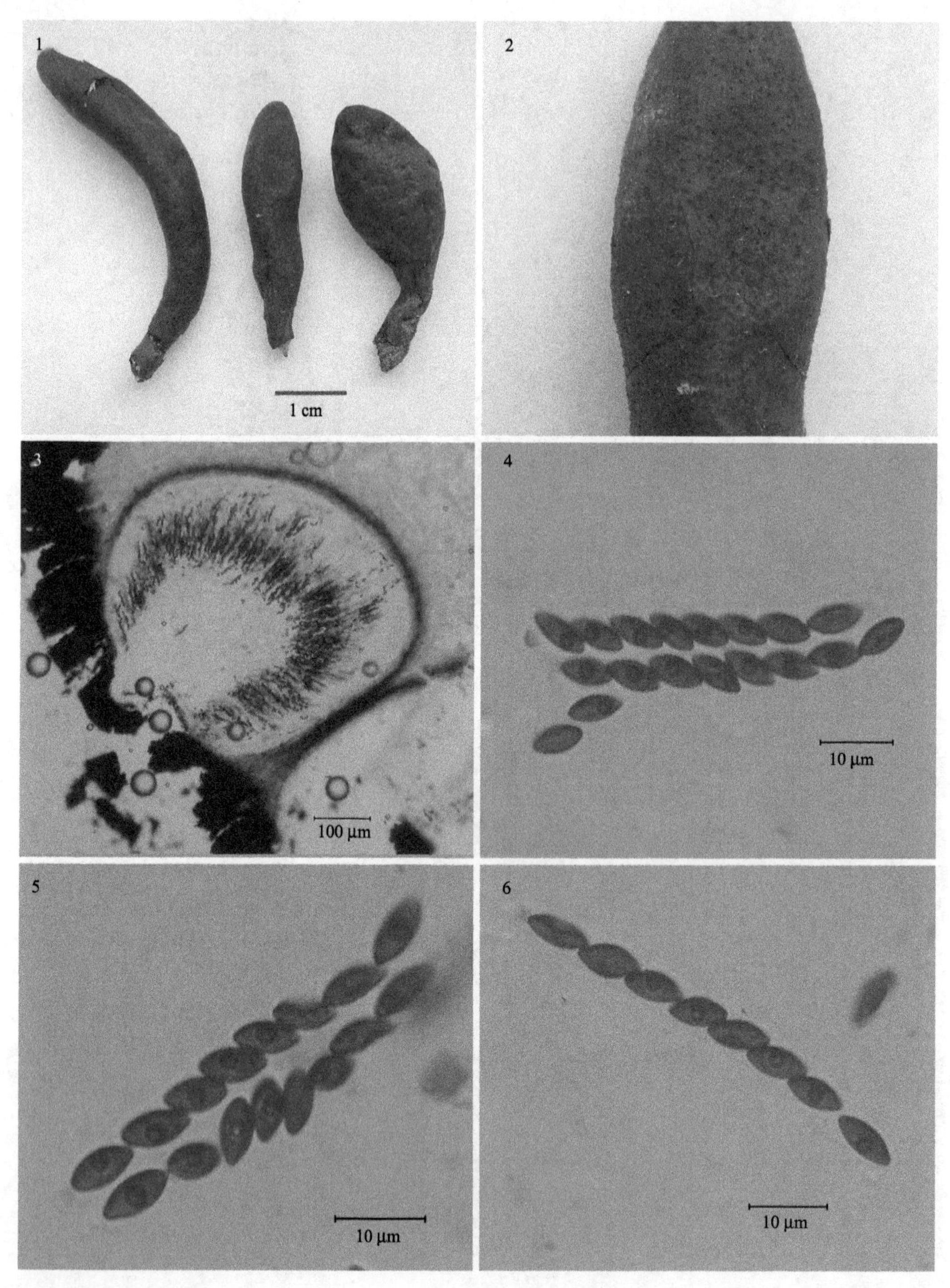

平滑炭角菌 *Xylaria laevis* Lloyd (HMAS 269911)。1. 子座；2. 子座表面；3. 子囊壳；4~6. 子囊和子囊孢子。

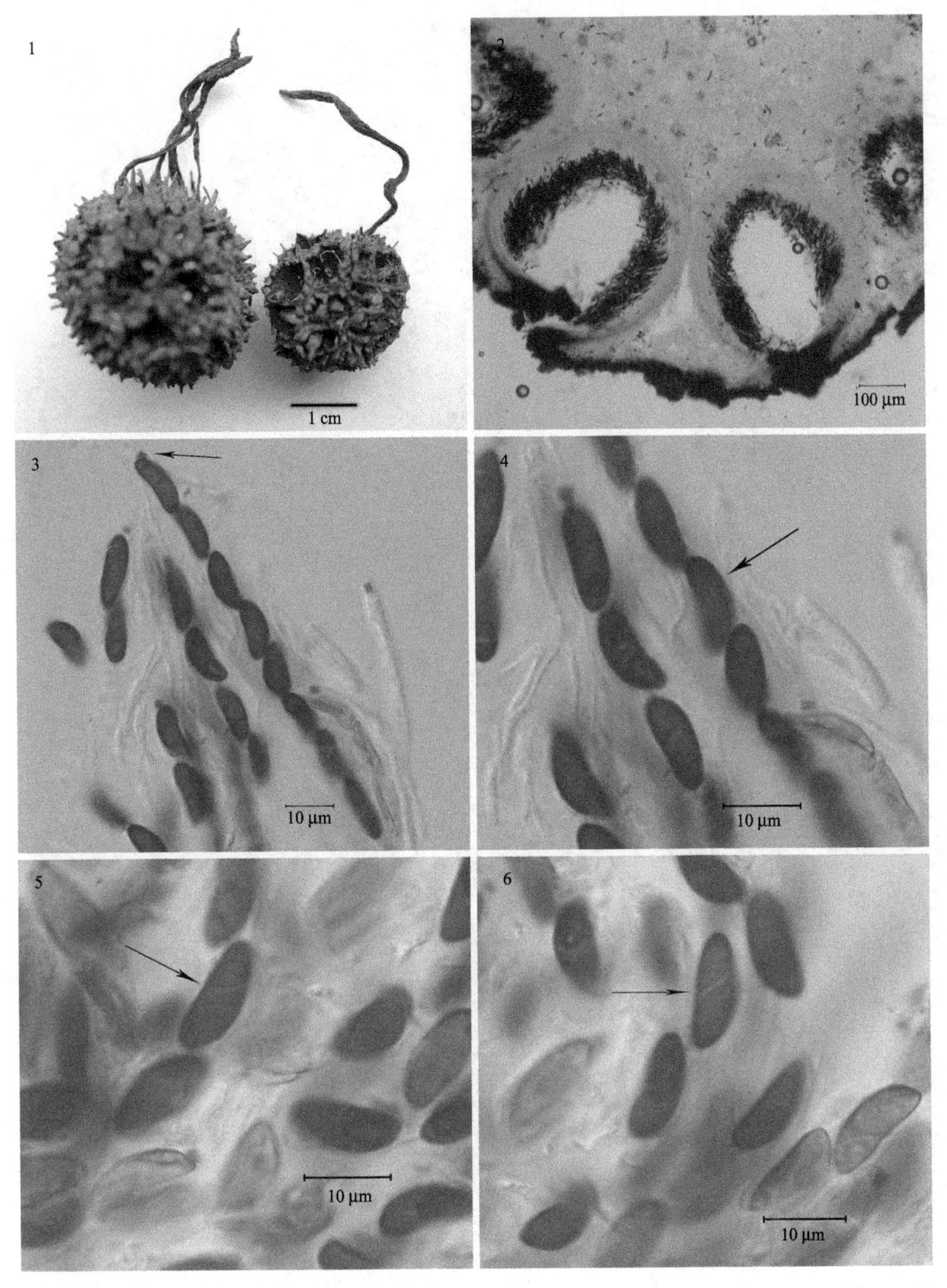

枫香炭角菌 *Xylaria liquidambaris* J.D. Rogers, Y.M. Ju & F. San Martín (HMAS 47455)。1. 子座；2. 子囊壳；3. 子囊和子囊孢子(箭头示顶环)；4~6.子囊和子囊孢子(箭头示芽缝)。

图版 XLIV

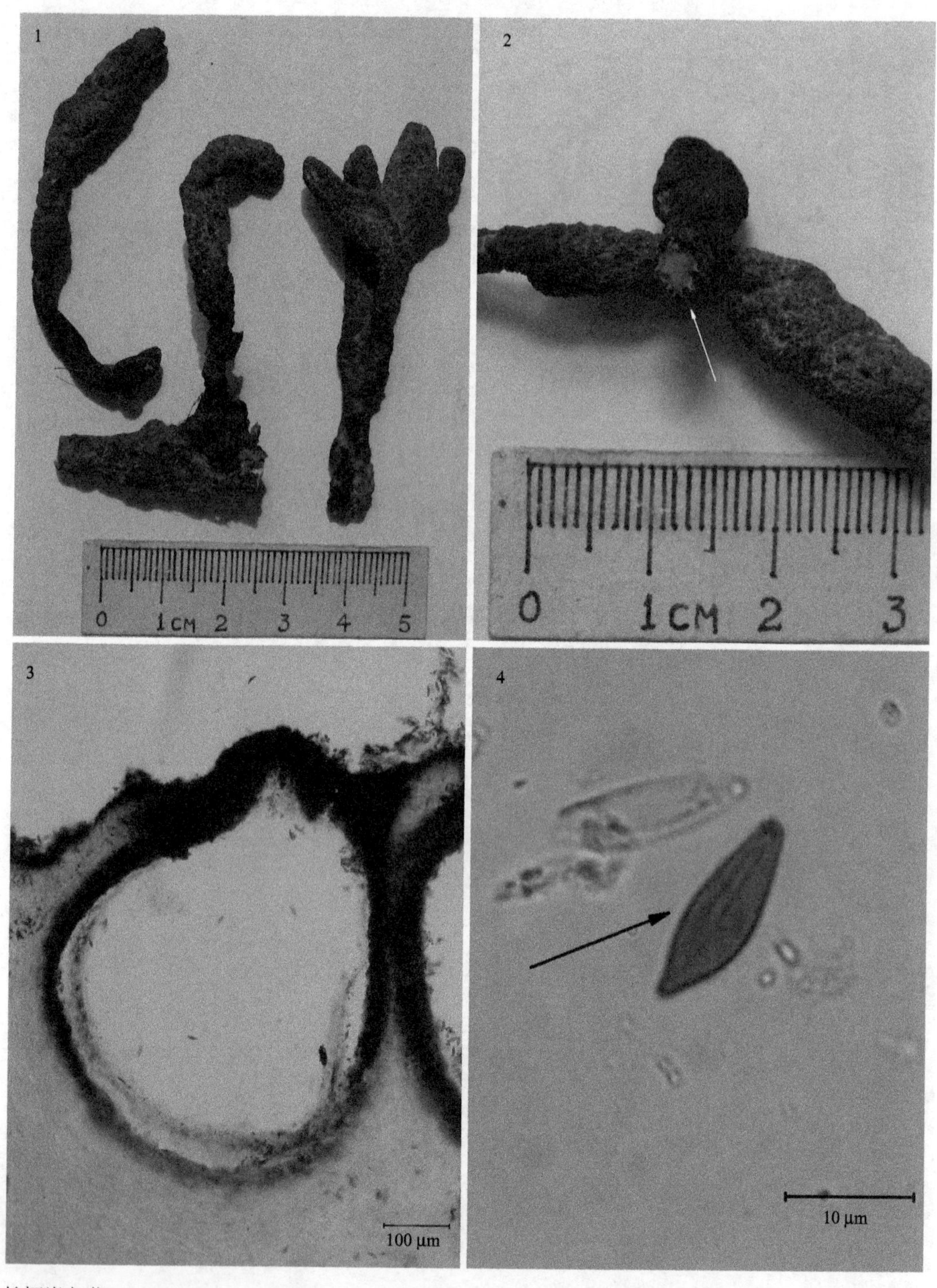

长柄炭角菌 *Xylaria longipes* Nitschke (HMAS 18813)。1、2. 子座(图 2 箭头示子囊壳)；3. 子囊壳；4. 子囊孢子(图 4 箭头示芽缝)。

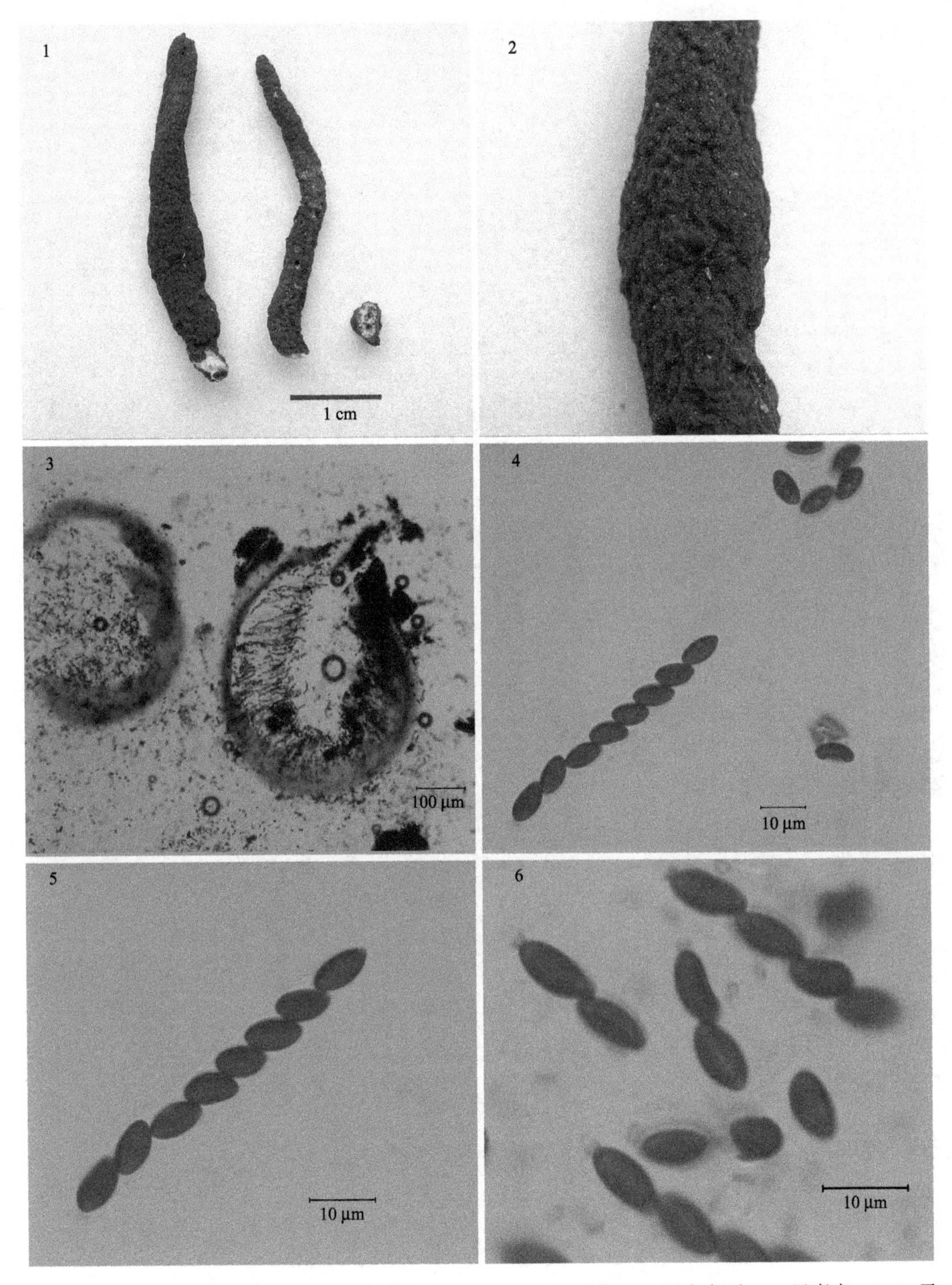

橙黄炭角菌 *Xylaria luteostromata* Lloyd (HMAS 269889)。1. 子座；2. 子座表面；3. 子囊壳；4~6. 子囊和子囊孢子。

图版 XLVI

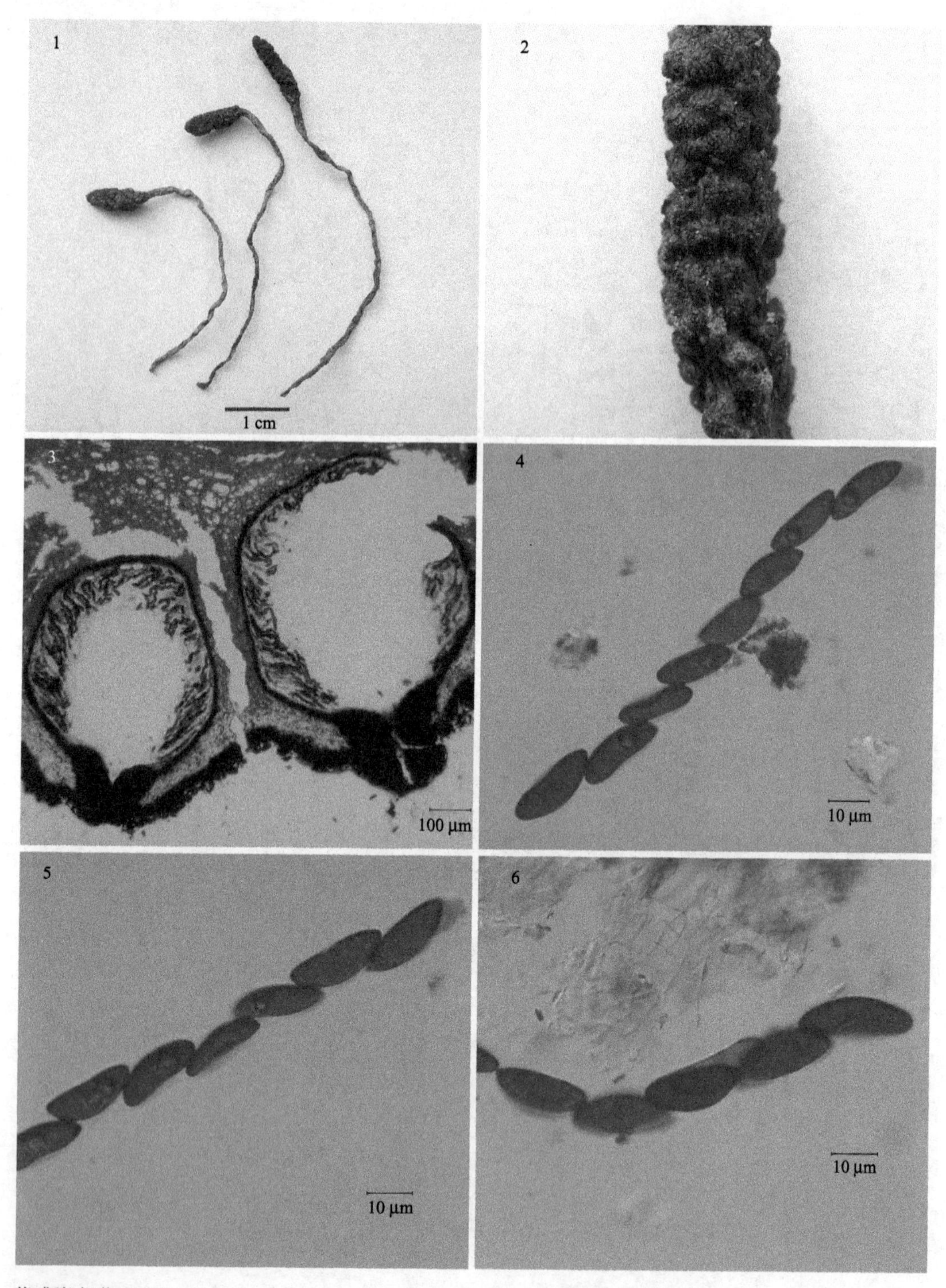

茂盛炭角菌 *Xylaria luxurians* (Rehm) Lloyd (HMAS 75534)。1. 子座；2. 子座表面；3. 子囊壳；4~6. 子囊和子囊孢子。

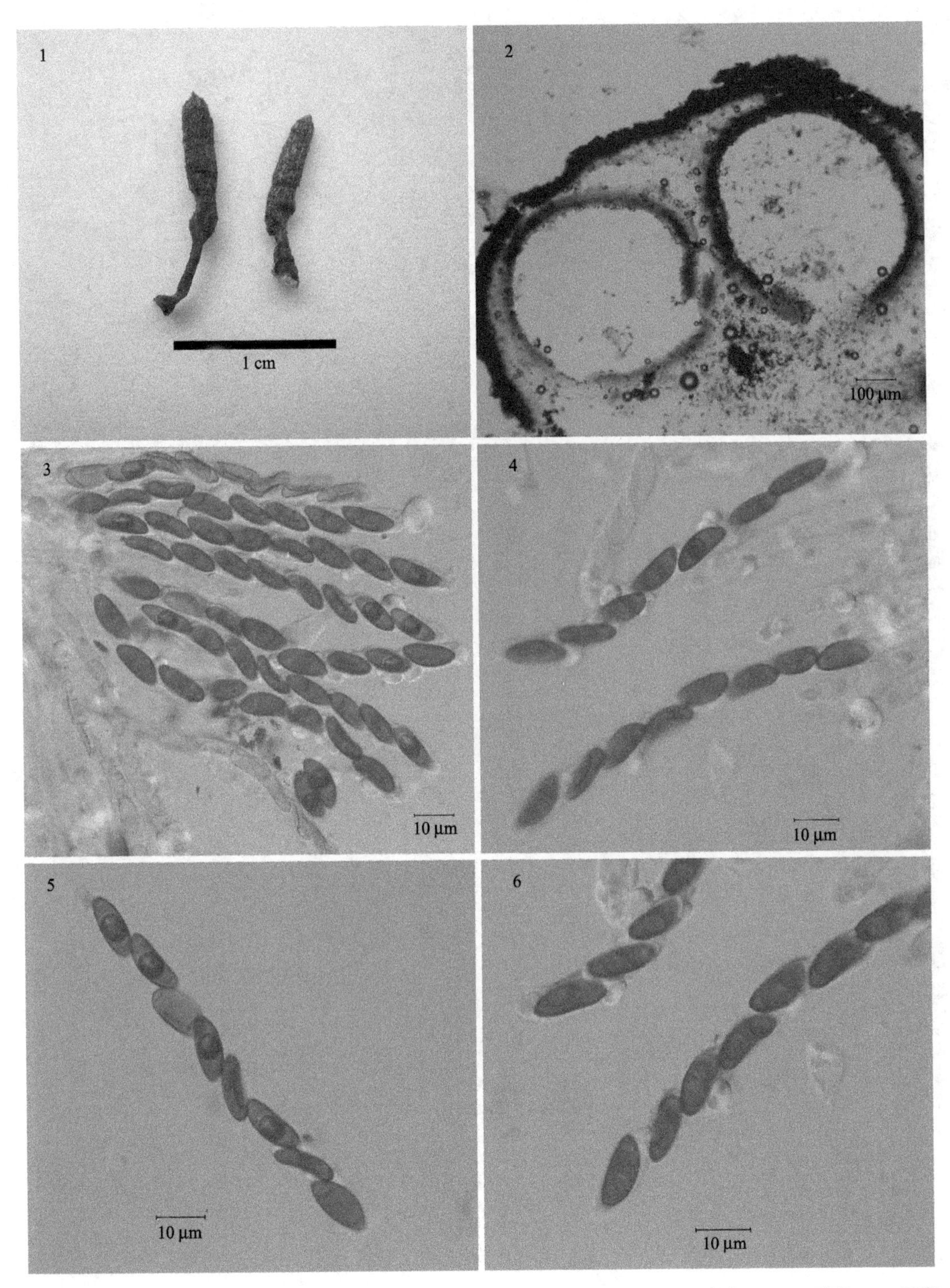

梅氏炭角菌 *Xylaria mellissii* (Berk.) Cooke (HMAS 252524)。1. 子座；2. 子囊壳；3~5. 子囊；6. 子囊和子囊孢子。

图版 XLVIII

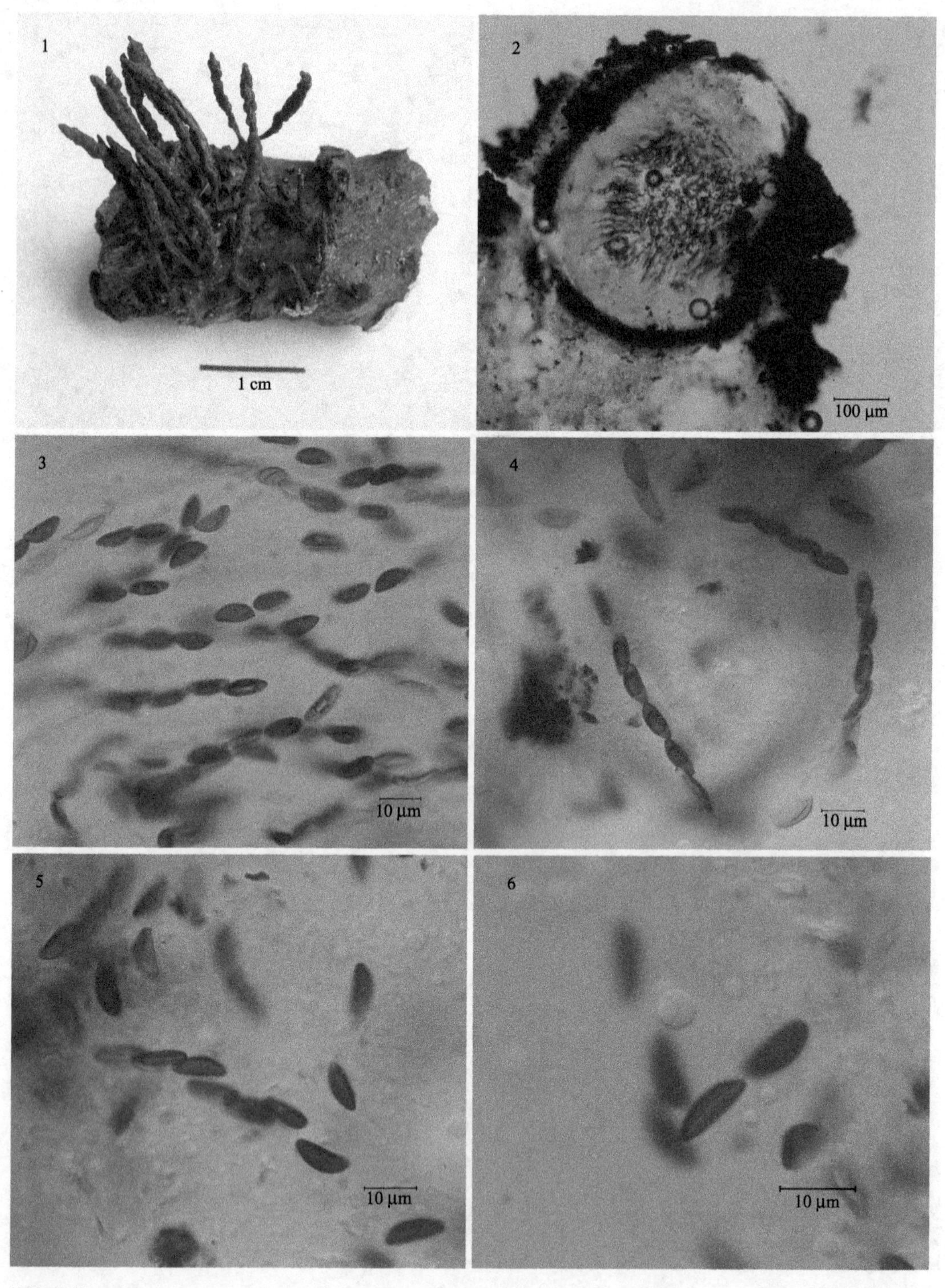

丛炭角菌 *Xylaria multiplex* (Kunze) Fr. (HMAS 253068)。1. 子座；2. 子囊壳；3~6. 子囊和子囊孢子。

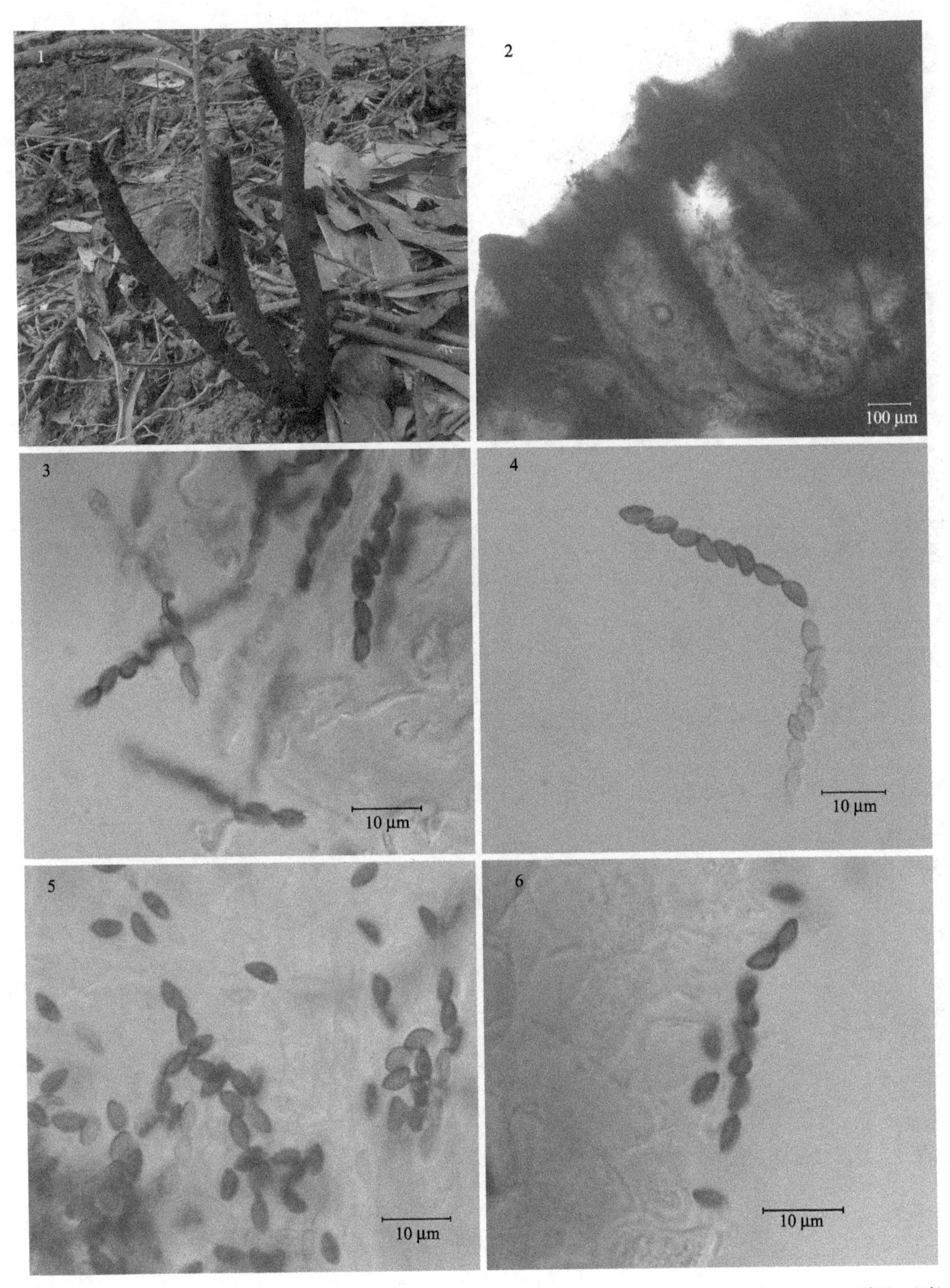

黑柄炭角菌 *Xylaria nigripes* (Klotzsch) Cooke (HMAS 267041)。1. 子座；2. 子囊壳；3~6. 子囊和子囊孢子。

图版 L

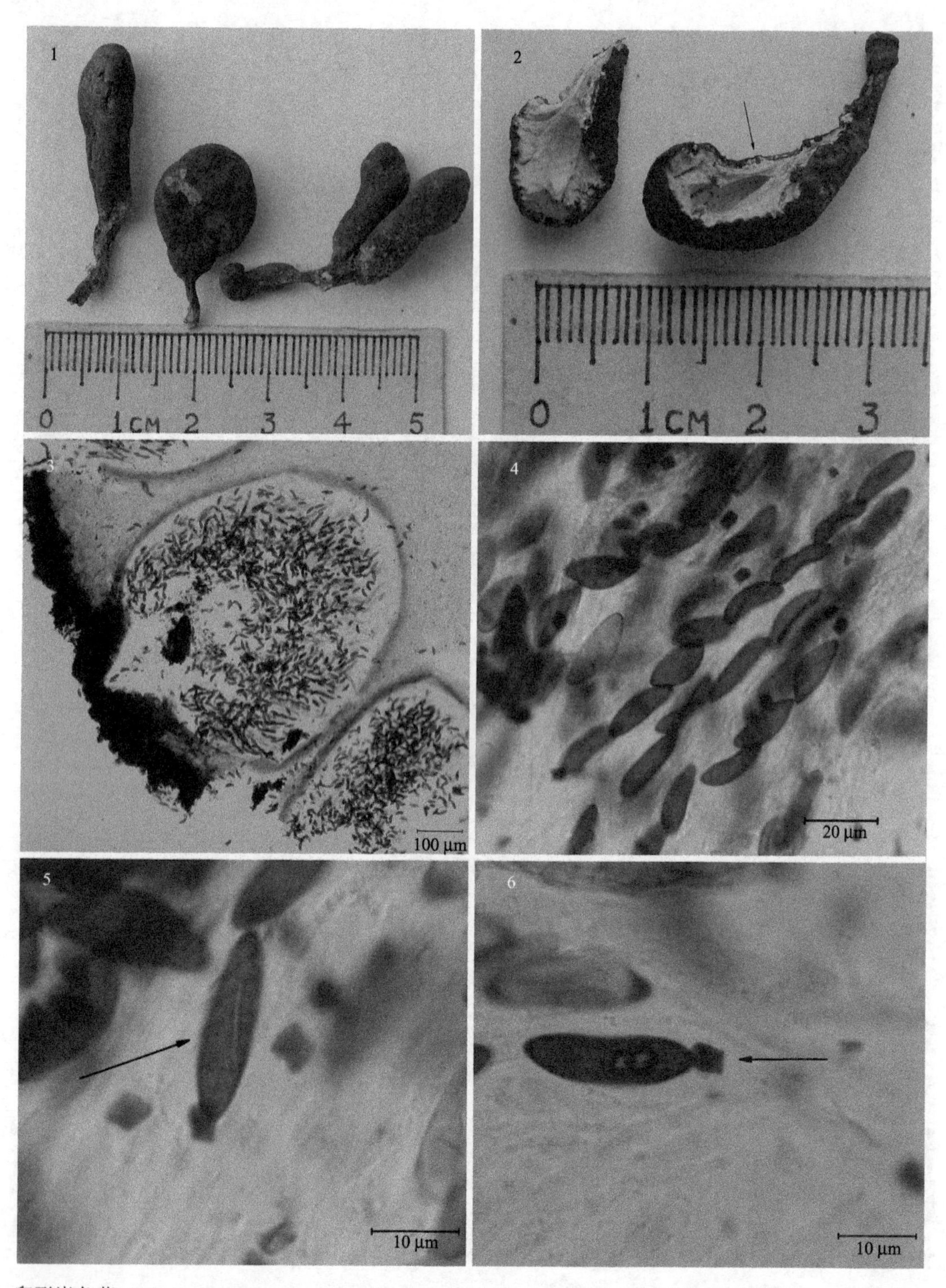

卵形炭角菌 *Xylaria obovata* (Berk.) Fr. (HMAS 31215)。1、2. 子座(图 2 箭头示子囊壳)；3. 子囊壳；4~6. 子囊和子囊孢子(图 5 箭头示芽缝，图 6 箭头示顶环)。

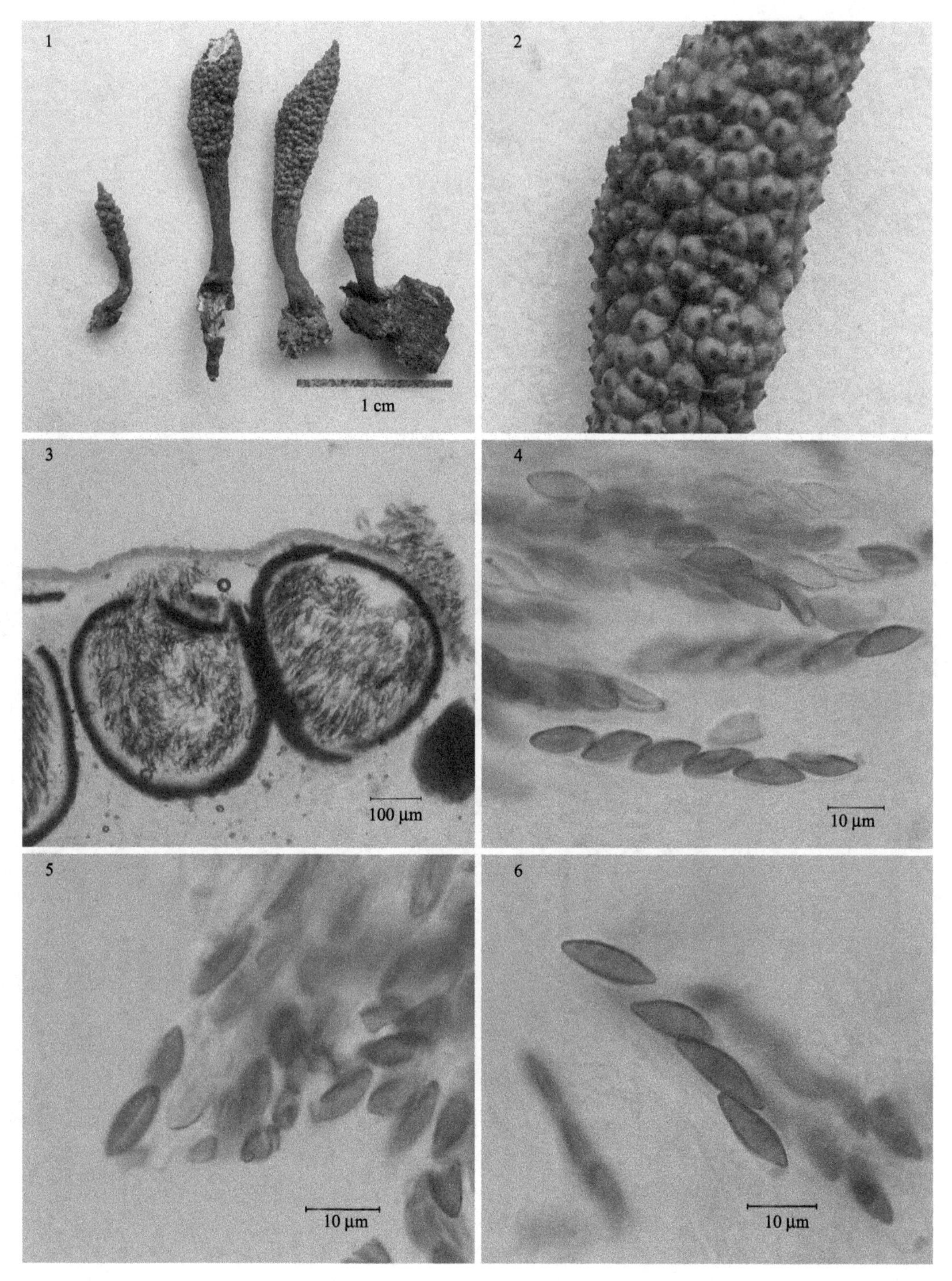

鲜亮炭角菌 *Xylaria phosphorea* Berk. (HMAS 269890)。1. 子座；2. 子座表面；3. 子囊壳；4~6. 子囊和子囊孢子。

图版 LII

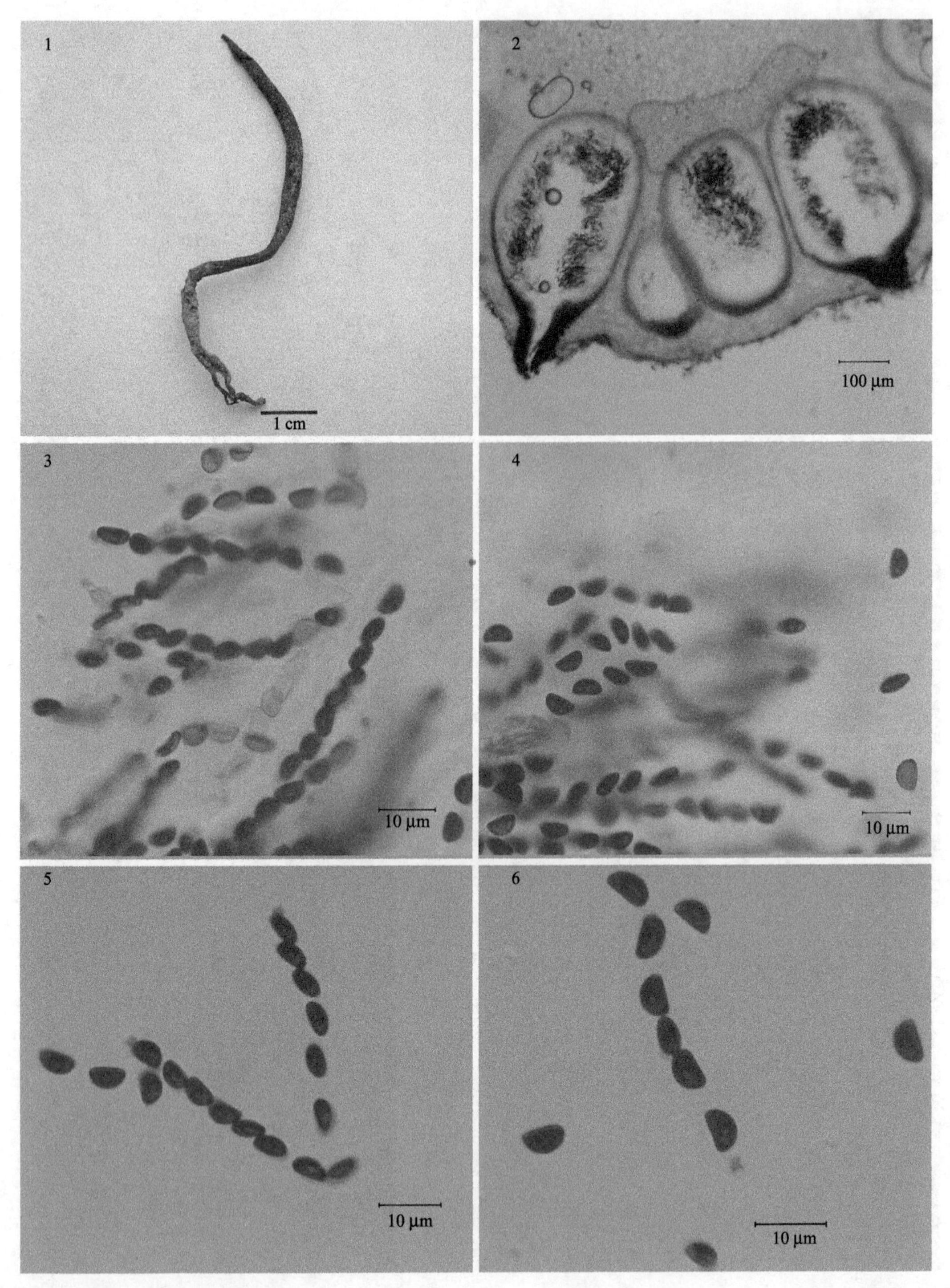

胡椒形炭角菌 *Xylaria piperiformis* Berk. (HMAS 31939)。1. 子座；2. 子囊壳；3~6. 子囊和子囊孢子。

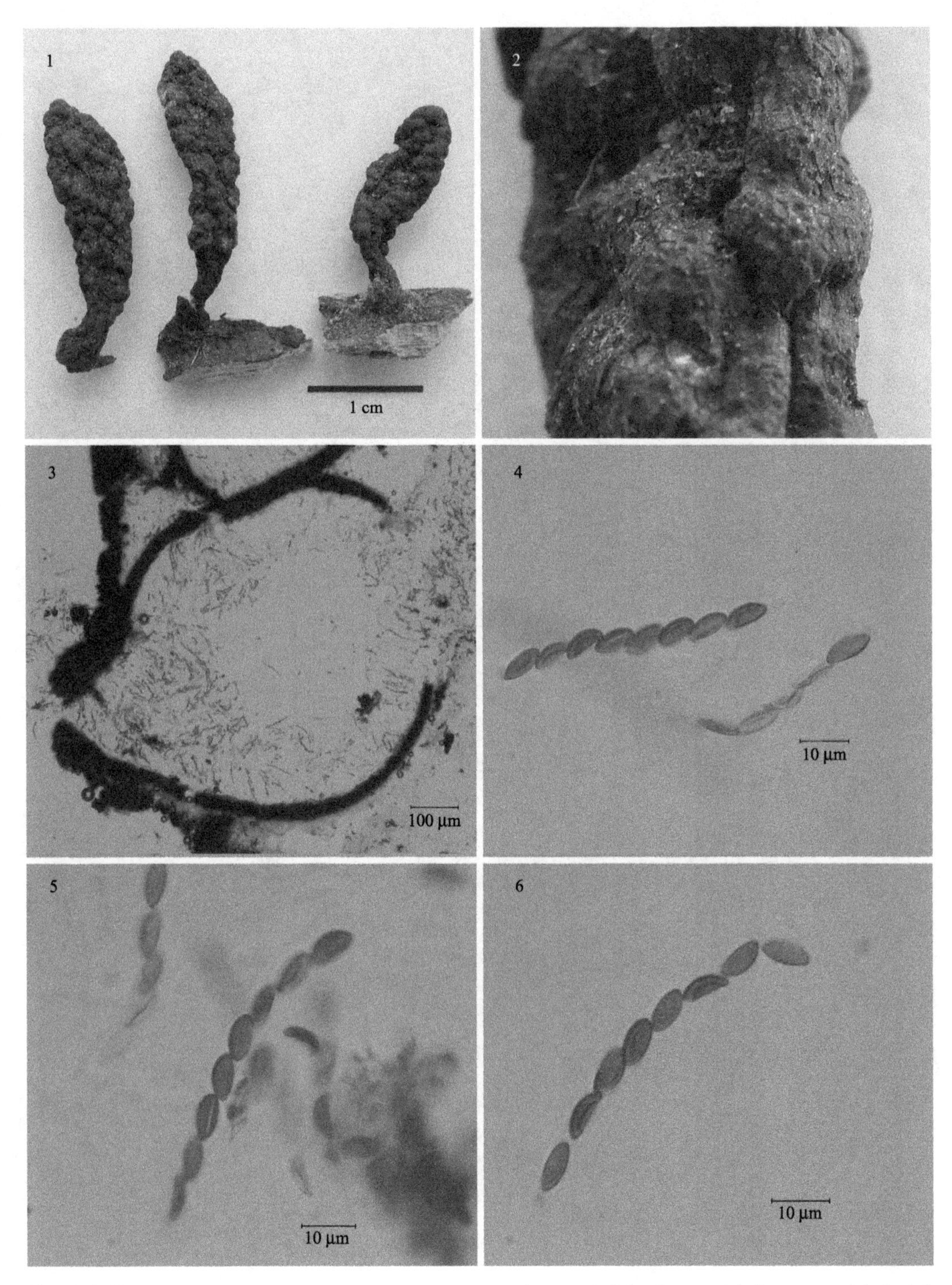

皱纹炭角菌 *Xylaria plebeja* Ces. (HMAS 270687)。1. 子座；2. 子座表面；3. 子囊壳；4~6. 子囊和子囊孢子。

图版 LIV

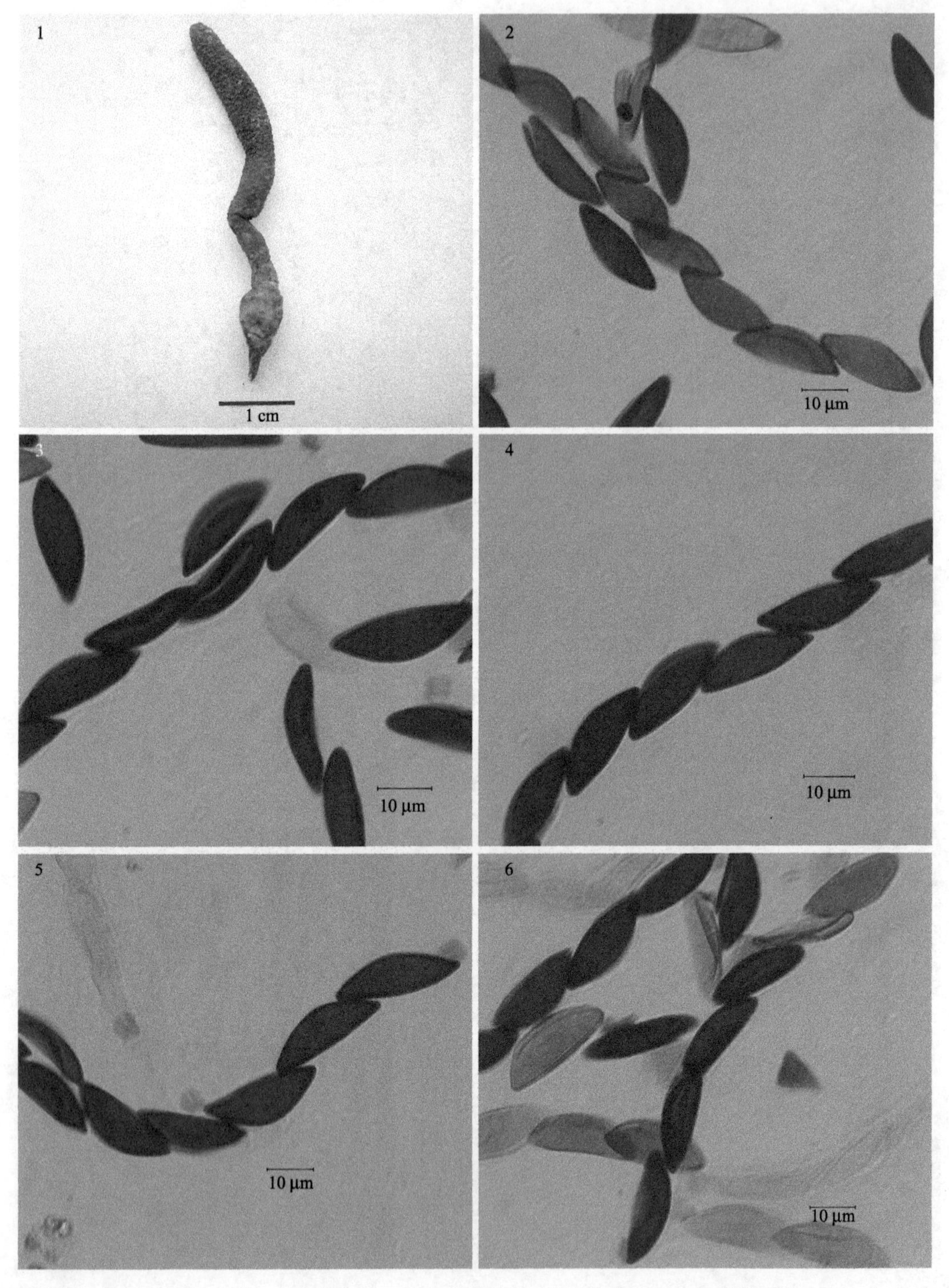

多形炭角菌 *Xylaria polymorpha* (Pers.) Grev. (HMAS 51043)。1. 子座；2~6. 子囊和子囊孢子。

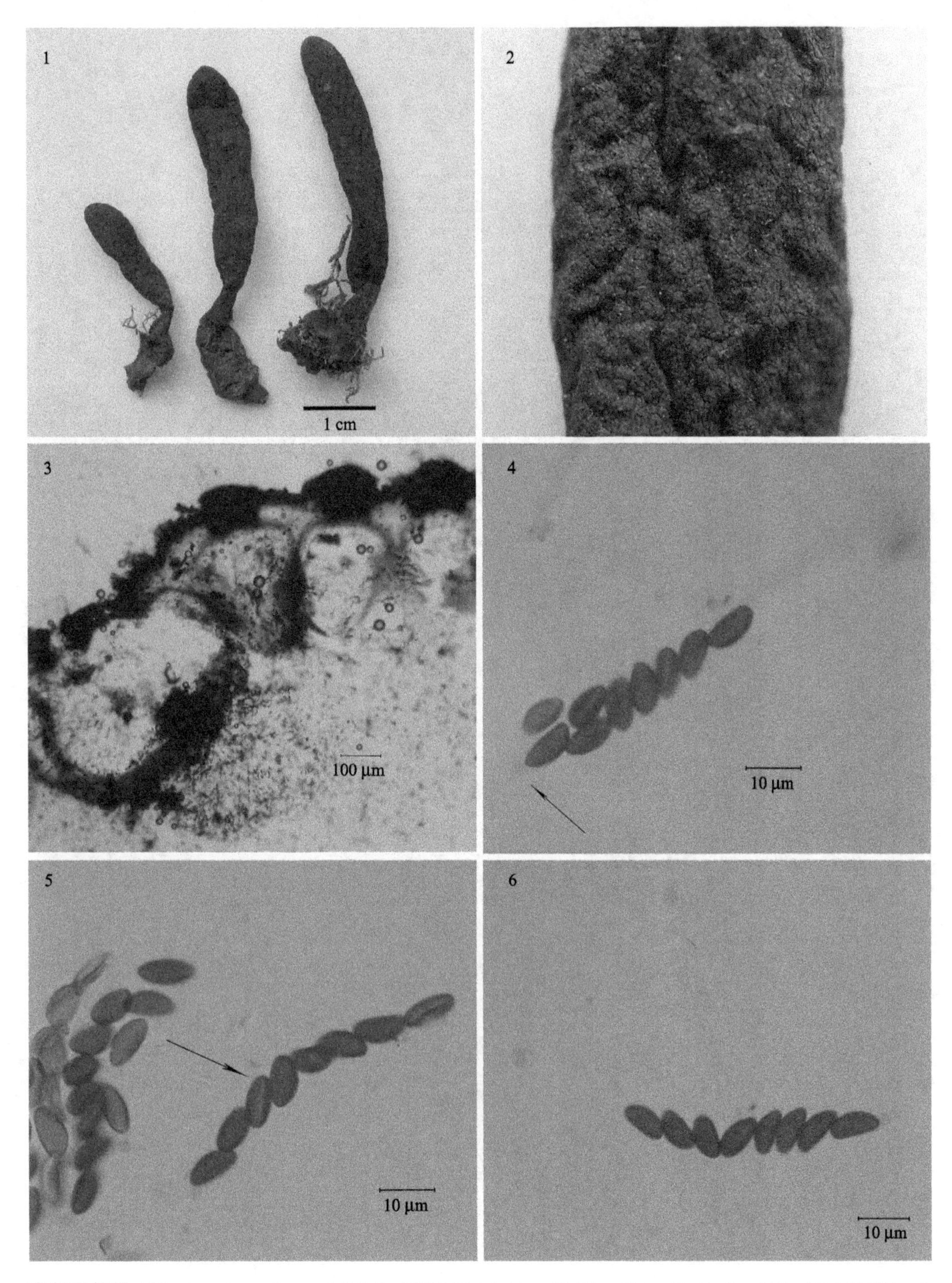

滨海炭角菌 *Xylaria primorskensis* Y.M. Ju, H.M. Hsieh, Lar. N. Vassiljeva & Akulov (HMAS 267655)。1. 子座；2. 子座表面；3. 子囊壳；4~6. 子囊和子囊孢子(图 4 箭头示顶环，图 5 箭头示芽缝)。

图版 LVI

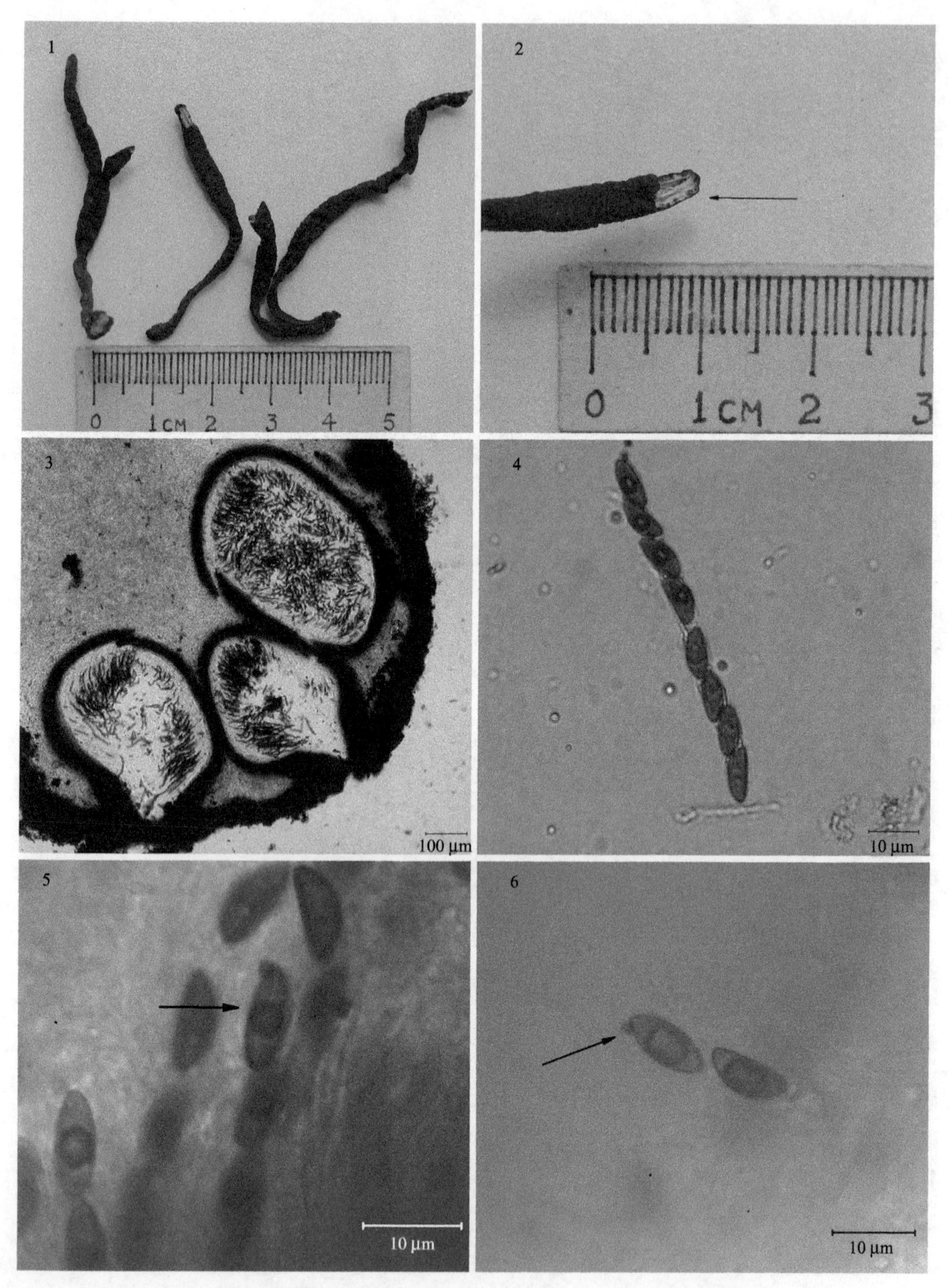

竿状炭角菌 *Xylaria rhopaloides* (Kunze) Mont. (HMAS 27868)。1、2. 子座(图 2 箭头示子囊壳)；3. 子囊壳；4~6. 子囊和子囊孢子(图 5 箭头示芽缝，图 6 箭头示顶环)。

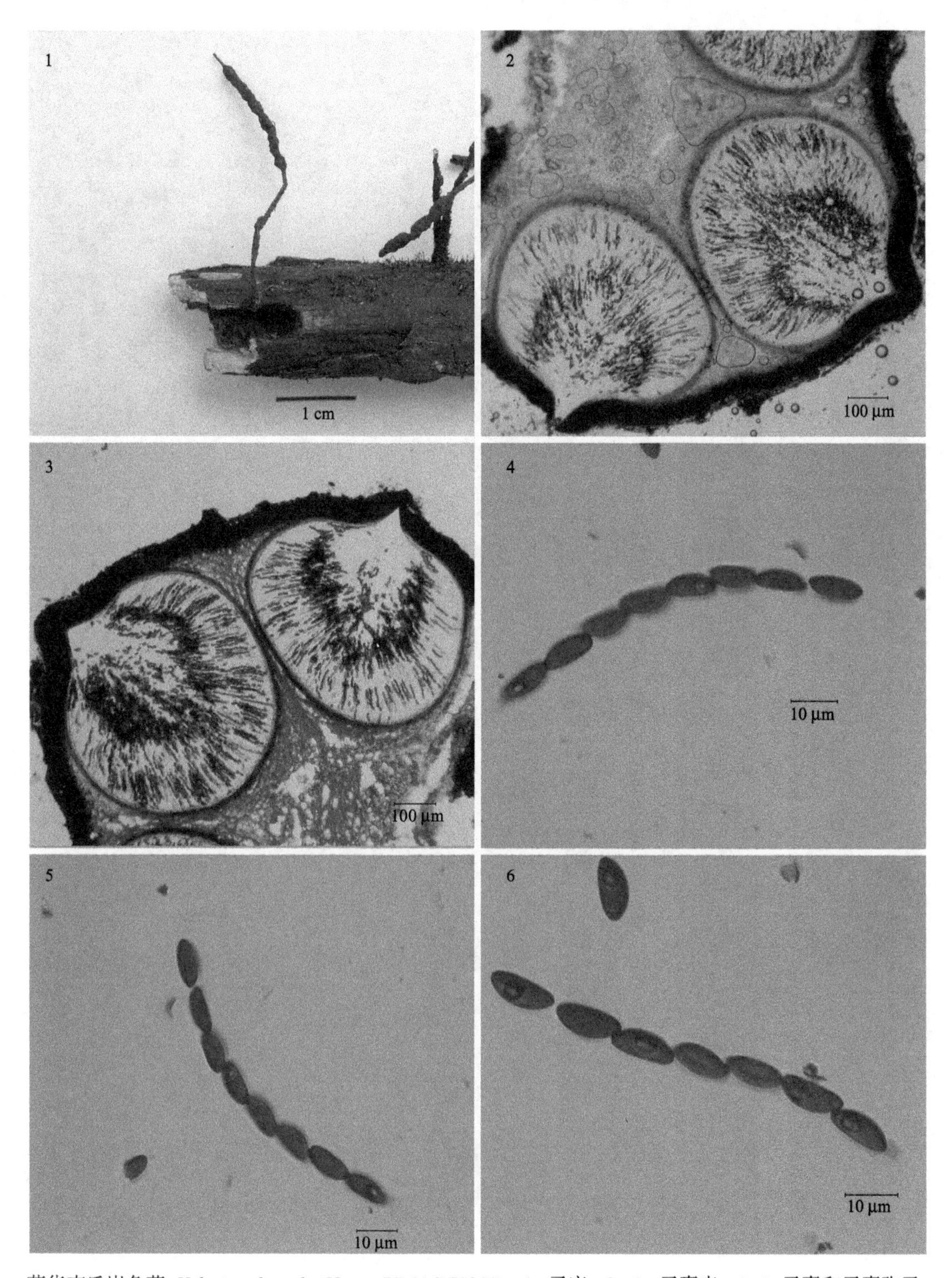

薛华克氏炭角菌 *Xylaria schwackei* Henn. (HMAS 77950)。1. 子座；2、3. 子囊壳；4~6. 子囊和子囊孢子。

图版 LVIII

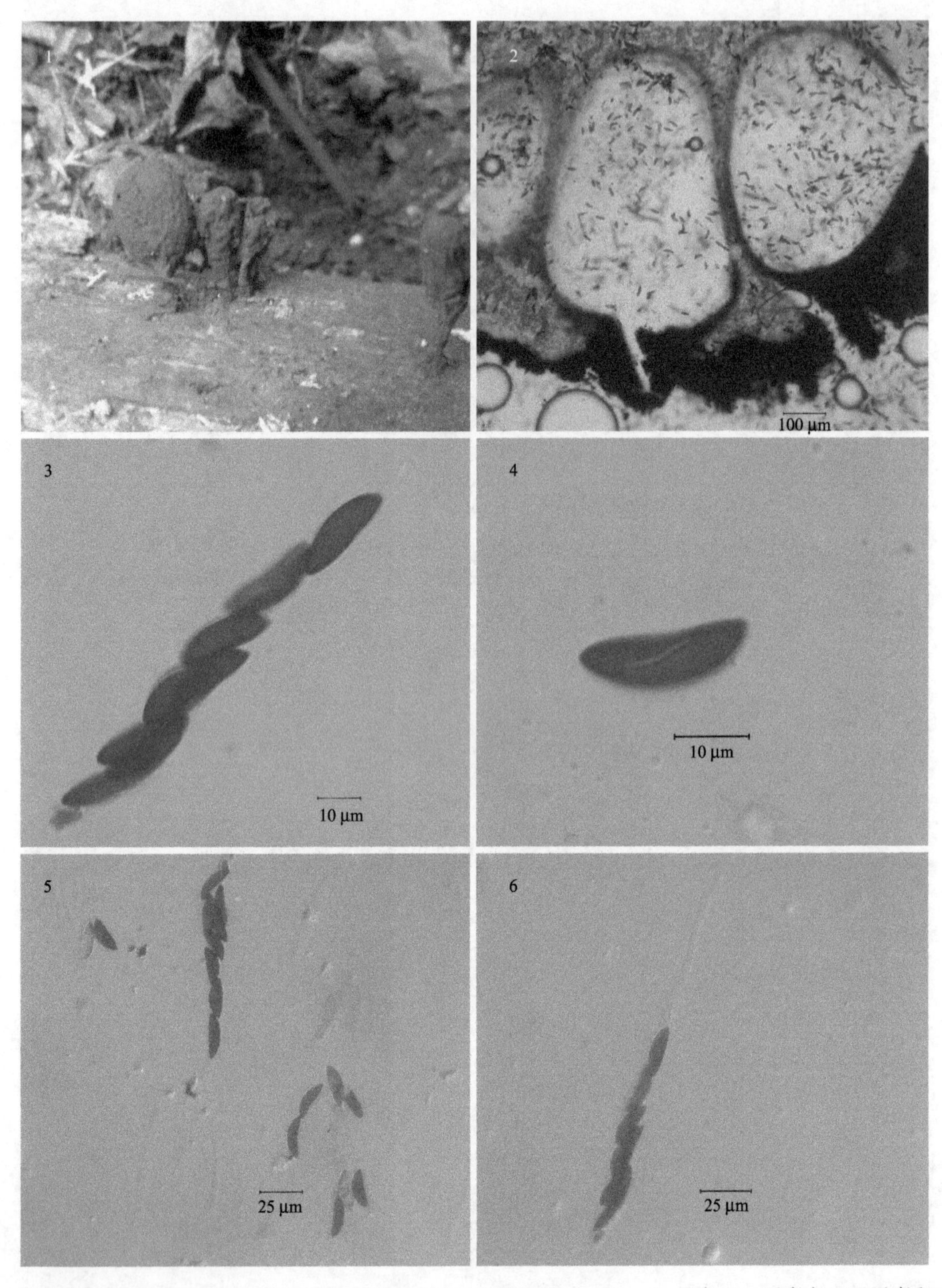

斯氏炭角菌 *Xylaria schweinitzii* Berk. & M.A. Curtis (HMAS 265124)。 1. 子座；2. 子囊壳；3. 子囊和子囊孢子；4.子囊孢子；5、6. 子囊和子囊孢子。

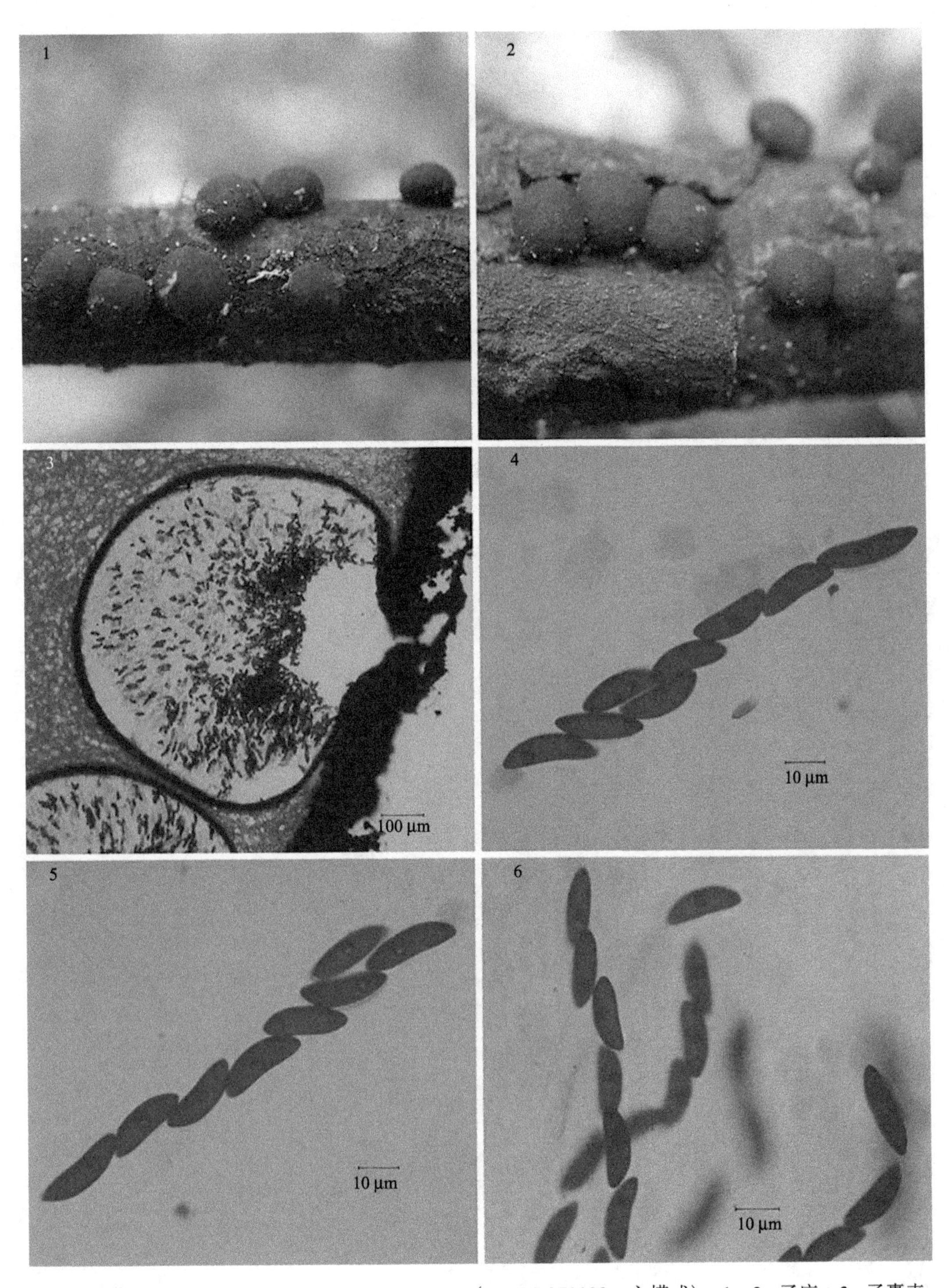

半球炭角菌 *Xylaria semiglobosa* G. Huang & L. Guo（HMAS 270193，主模式）。1、2. 子座；3. 子囊壳；4~6. 子囊和子囊孢子。

图版 LX

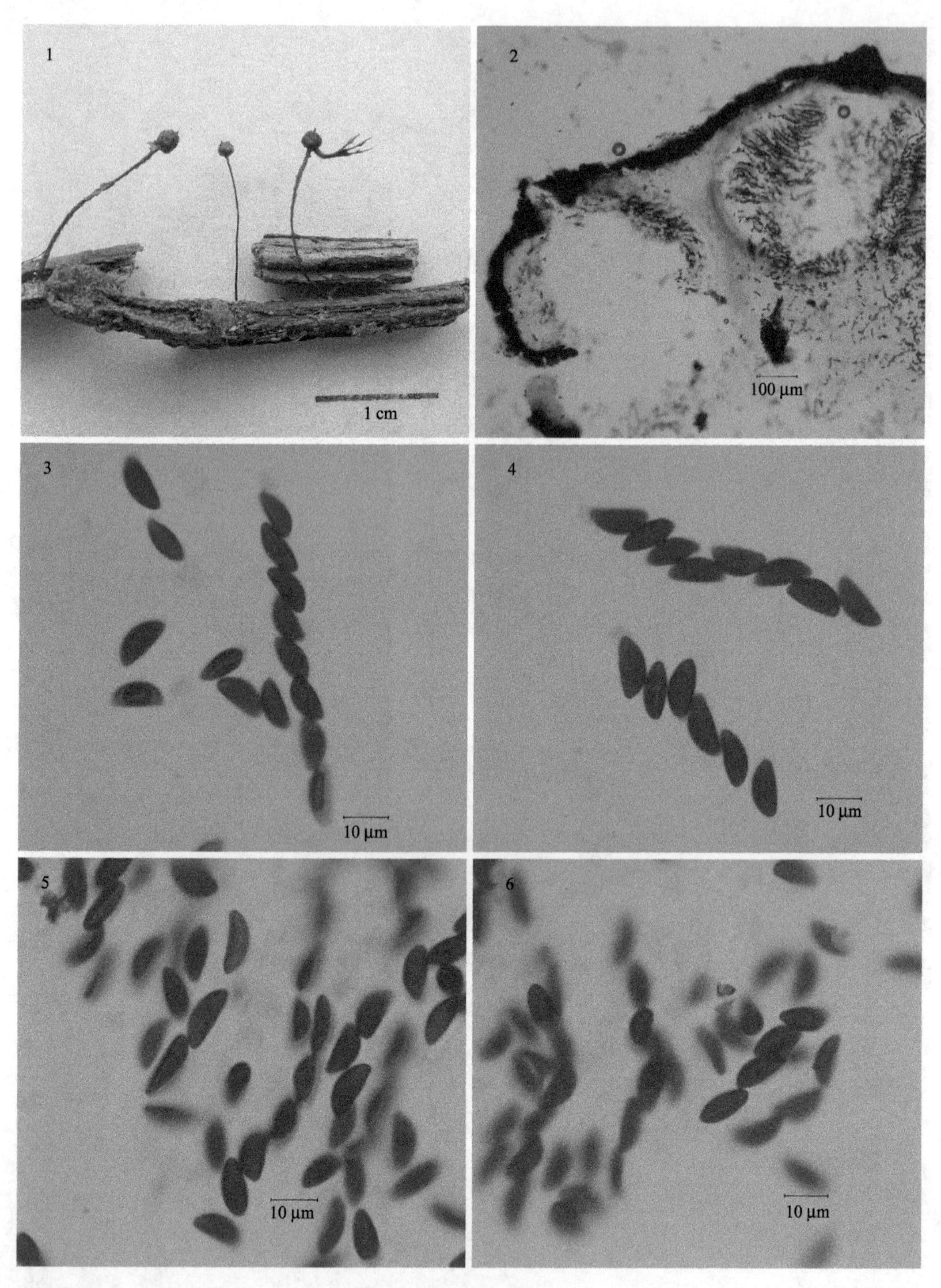

球形炭角菌 *Xylaria sphaerica* G. Huang & L. Guo（HMAS 270191）。1. 子座；2. 子囊壳；3~6. 子囊和子囊孢子。

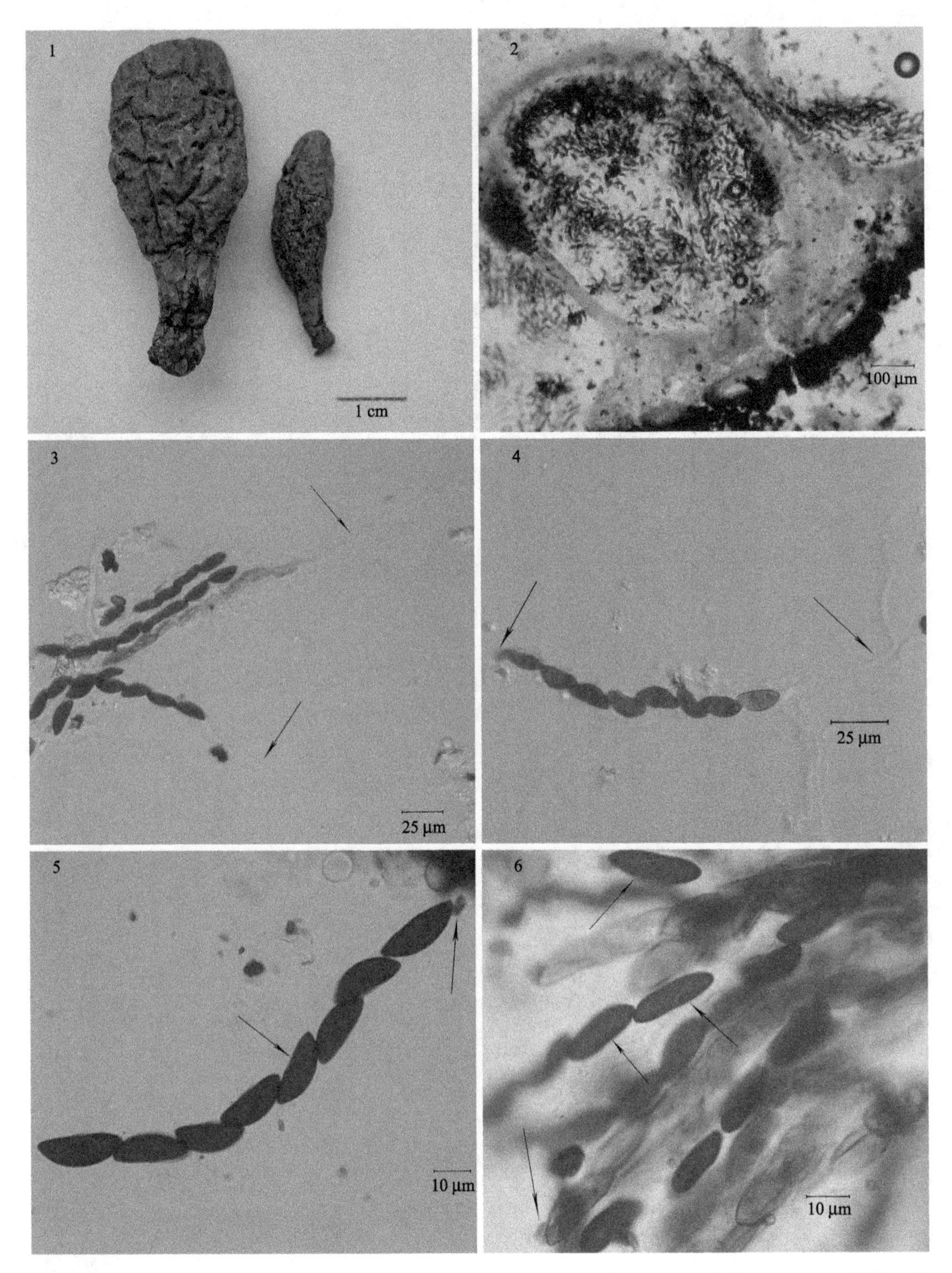

黄色炭角菌 *Xylaria tabacina* (J.Kickx f.) Fr.（HMAS 145136）。1. 子座；2. 子囊壳；3、4. 子囊（图 3 箭头示子囊柄，图 4 箭头示子囊柄和顶环）；5、6. 子囊和子囊孢子（图 5 箭头示芽缝，图 6 箭头示顶环和芽缝）。

图版 LXII

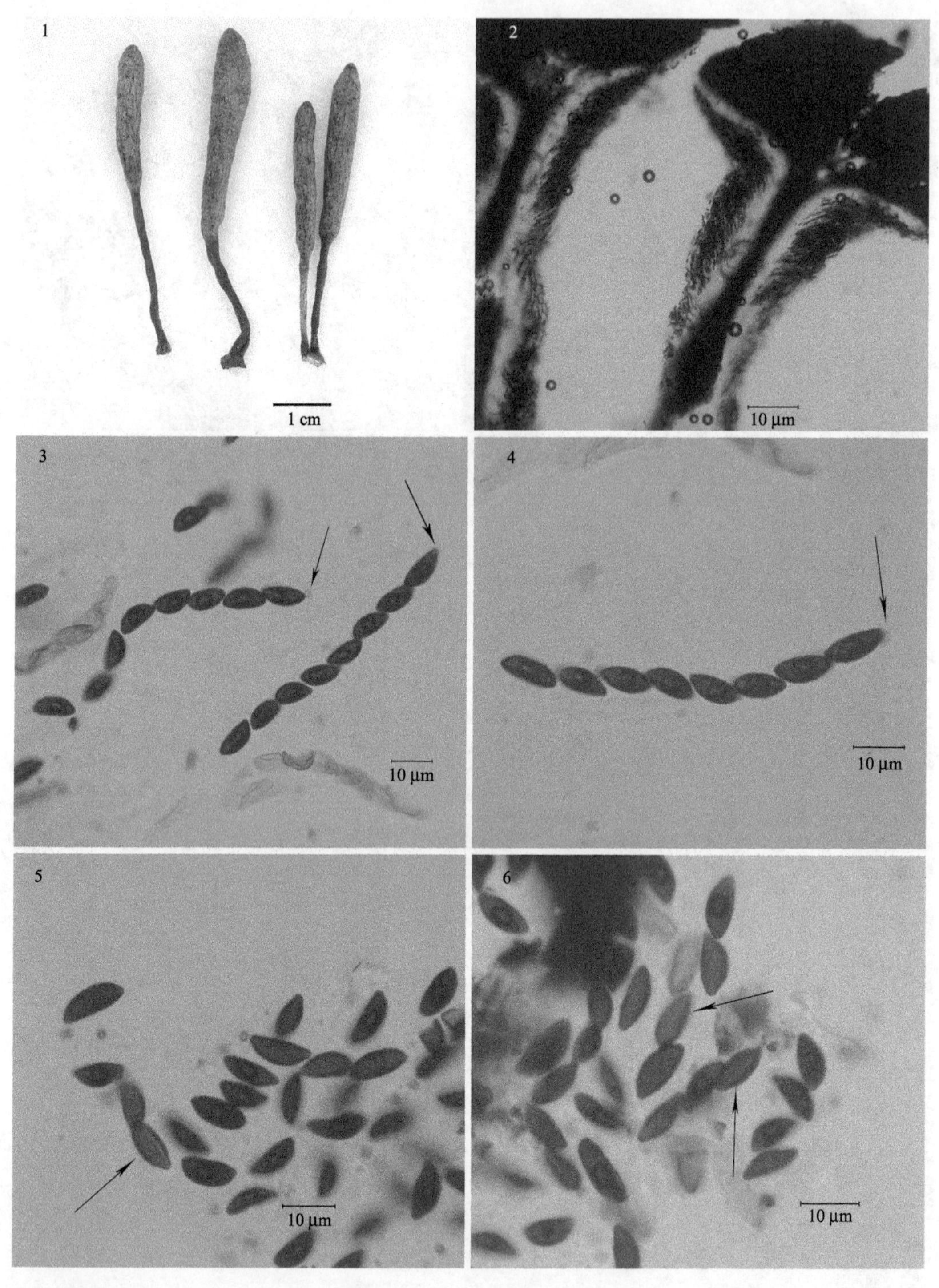

番丽炭角菌 *Xylaria venustula* Sacc.(HMAS 26832)。1. 子座；2. 子囊壳； 3、4. 子囊(箭头示顶环)；5、6. 子囊孢子(箭头示芽缝)。

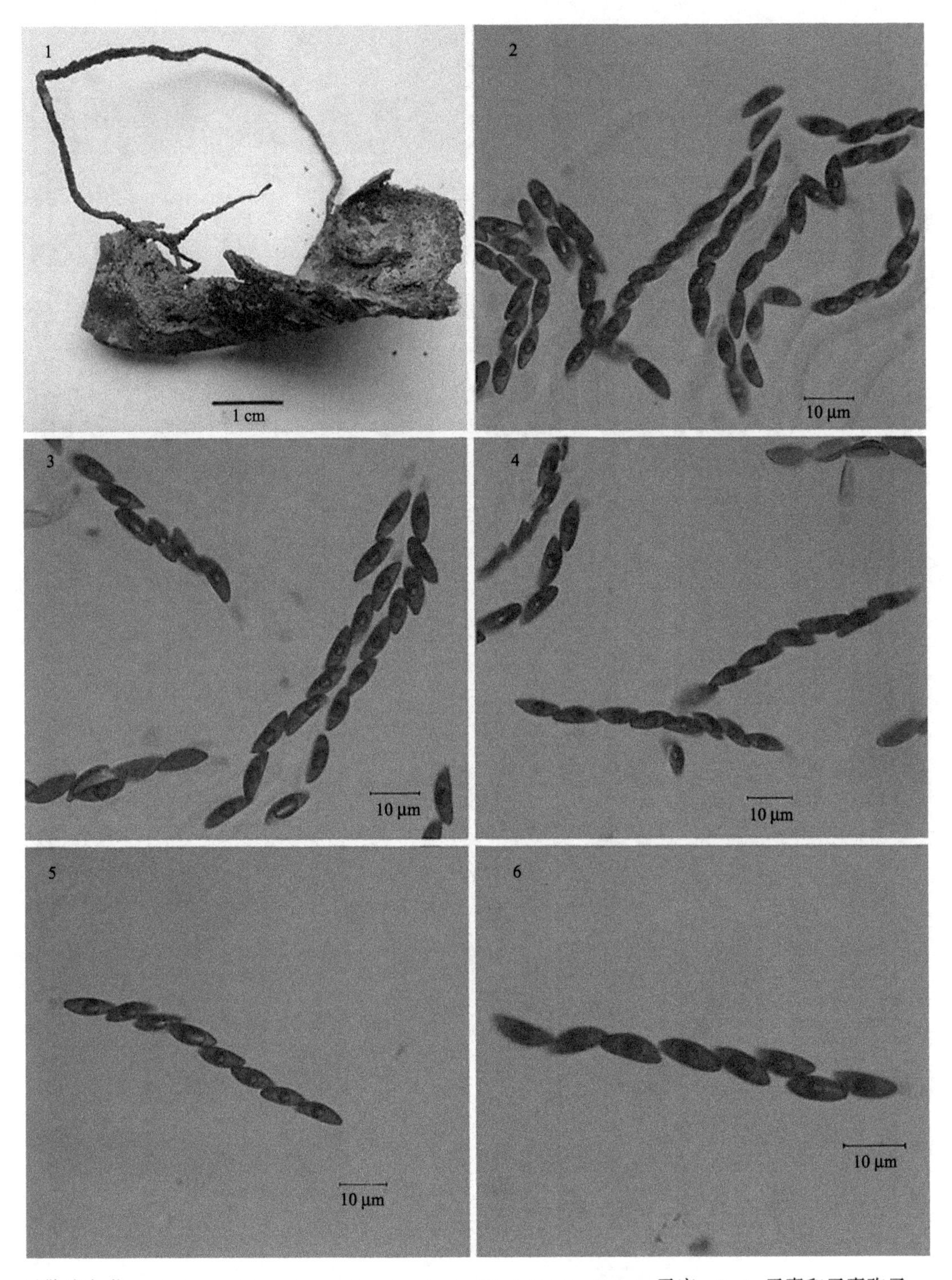

毛鞭炭角菌 *Xylaria xanthinovelutina* (Mont.) Mont. (HMAS 253078)。1. 子座；2~6. 子囊和子囊孢子。

图版 LXIV

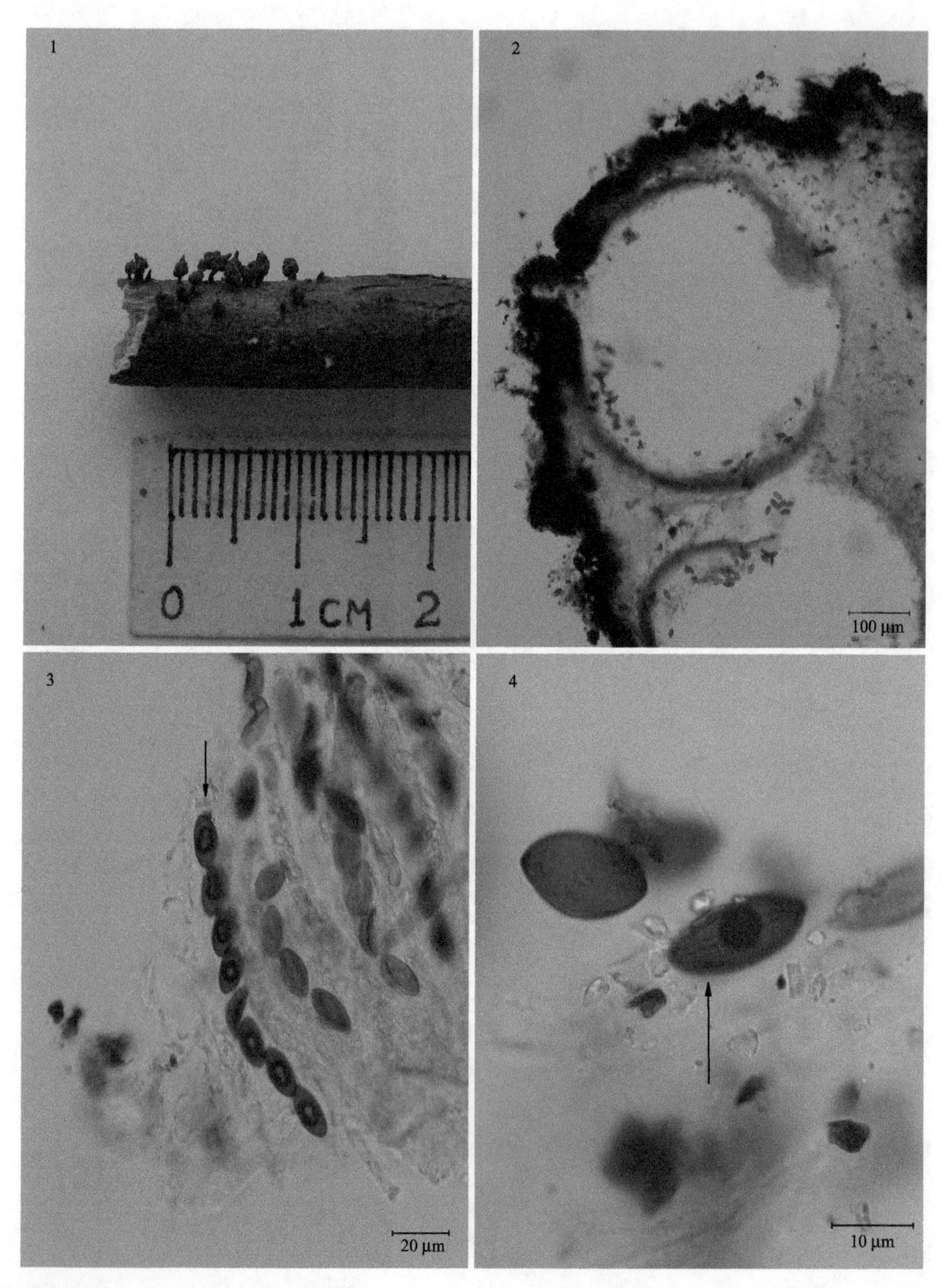

矮炭角菌 *Xylaria xylarioides* (Speg.) Hladki & A.I.Romero (HMAS 35748)。1. 子座；2. 子囊壳；3. 子囊(箭头示顶环)；4. 芽缝(箭头示芽缝)。

(Q-4430.31)
ISBN 978-7-03-061797-2

定价：**158.00** 元